电力谐波动态调谐滤波技术

Dynamic Tuning Filter Technology for Power Harmonics

王一飞 著

国防工业出版社

·北京·

内 容 简 介

本书共分 7 章，详细介绍电力谐波动态调谐滤波的理论、关键技术、装备研制和工程应用。书中系统分析了电力谐波动态调谐滤波技术原理，提出并解决了电力谐波动态调谐滤波的关键技术与方法：电磁耦合滤波电抗器技术揭示了电磁耦合滤波电抗器阻抗变换和电感量连续可调机理，实现电感量连续可调；电磁耦合电抗变换器的工艺参数优化设计方法可快速计算优化得到工艺参数；电力谐波动态调谐滤波方法从理论上指出了实现全调谐的途径，揭示了动态调谐滤波器具有谐波抑制和节能的双重特性，实现动态调谐滤波以及多点同时动态滤波；电气参数设计优化方法解决了动态调谐滤波器的电气参数设计问题。应用这些关键技术和方法，研制了动态调谐滤波器，并运用于单滤波器和多滤波器分布式电力谐波抑制。本书研究结果为动态调谐滤波理论、技术及器件创新，实现有效抑制电力谐波提供了一定的理论和技术基础。

本书可供电气工程、控制科学与工程和谐波治理技术领域的高等院校、科研院所的教学、科研、工程技术人员和研究生学习参考。

图书在版编目（CIP）数据

电力谐波动态调谐滤波技术 / 王一飞著. —北京：国防工业出版社，2023.12
ISBN 978-7-118-13096-6

Ⅰ. ①电… Ⅱ. ①王… Ⅲ. ①电力系统－谐波－滤波技术 Ⅳ. ①TM714

中国国家版本馆 CIP 数据核字（2023）第 245421 号

※

国防工业出版社出版发行
（北京市海淀区紫竹院南路 23 号 邮政编码 100048）
北京虎彩文化传播有限公司印刷
新华书店经售

*

开本 710×1000 1/16 印张 8¾ 字数 152 千字
2023 年 12 月第 1 版第 1 次印刷 印数 1—1000 册 定价 96.00 元

（本书如有印装错误，我社负责调换）

国防书店：（010）88540777　　书店传真：（010）88540776
发行业务：（010）88540717　　发行传真：（010）88540762

前　言

电力谐波是反映电能质量的主要指标之一。为适应电能质量新要求，无源滤波器以其高可靠性、结构简单、大容量、低成本等优势，广泛应用于工业、交通行业。目前主要问题是无源滤波器参数不能连续调节，动态调谐滤波器运行机理有待进一步揭示，关键部件优化设计与实现存在困难，无法满足实际工程需求。深入研究电力谐波动态调谐滤波技术具有重要的理论意义和工程应用价值。

作者对动态调谐滤波技术研究多年，利用电磁耦合滤波电抗器与多个滤波电容形成的串联滤波支路滤除谐波电流，为吸收大功率谐波电流提供了新途径。研究结果表明：动态调谐滤波器具有谐波抑制和节能的双重特性，不但吸收了谐波电流，降低了电流有效值，同时将吸收的谐波电流转换成基波电流，使功率因数提高，提高了电能质量和供电安全性，可以有效地实现工业中电力谐波的动态调谐和谐波抑制，为动态调谐滤波技术的应用奠定基础。动态调谐滤波技术在水泥和纺织行业得到了初步应用，表明动态调谐滤波器具有与有源滤波器基本相同的性能。本书的主要内容即是这一研究工作的成果总结。

（1）揭示了电磁耦合滤波电抗器的阻抗变换和电感量连续可调机理，实现电感量连续可调。针对传统铁芯电抗器电感量不可调问题，根据谐波治理需求，提出了一种新型的电磁耦合滤波电抗器结构设计方案。将单个绕组的铁芯电抗器设计成具有一次电抗绕组和二次电抗控制绕组的电磁耦合电抗变换器，二次电抗控制绕组接入电力电子阻抗变换器，增加二次滤波绕组接入本体滤波器，构建了具有阻抗变换和谐波抑制特性的电磁耦合滤波电抗器（基本型电磁耦合滤波电抗器）结构；为适应大谐波电流抑制需要，构建了扩展型电磁耦合滤波电抗器结构；构建了阻抗变换数学模型，并仿真分析阻抗变换特性，电磁耦合滤波电抗器相当于电感量可变的电抗器；分析推导出谐波数学模型，揭示了一次电抗绕组和二次电抗控制绕组间的阻抗和导纳关系；构建了谐波抑制数学模型并通过仿真，揭示了本体滤波器能完全吸收电力电子阻抗变换器产生的谐波电流机理。

（2）提出了一套工程实用的电磁耦合电抗变换器的工艺参数优化设计解决方案，可快速计算优化得到工艺参数。电磁耦合电抗变换器加工制造缺乏规范和技术标准，导致同一技术指标不同厂家加工出来的电磁耦合电抗变换器在性能方面存在差异，严重影响调谐性能和滤波效果。针对上述问题，优化设计了电磁耦合电抗变换器的工艺参数，开发了设计仿真系统，通过实例验证了工艺参数设计方法及其设计仿真系统的准确性。

（3）从理论上指出了实现电力谐波全调谐的途径，揭示了动态调谐滤波器具有谐波抑制和节能的双重特性，实现动态调谐滤波以及多点同时动态滤波。针对无源滤波器存在的参数不能连续调节、不能实现动态调谐问题，提出并研究了电力谐波动态调谐滤波方法。构建了动态调谐电力滤波系统及其谐波影响模型，揭示了电力变压器一次侧等效谐波电流与谐波源谐波电流之间的关系；提出了动态调谐滤波全调谐方法，使动态调谐电力滤波系统满足谐波治理国家标准；以电磁耦合滤波电抗器为核心部件，构建了动态调谐滤波器拓扑结构，分析了滤波、无功补偿和节能等原理；提出了动态调谐控制方法，实现动态调谐滤波；给出了动态调谐滤波器性能评价指标，实现对滤波器滤波性能的定量评价和验证；针对谐波源地域分散、谐波电流大或需要对多频次谐波电流治理等问题，配置多台动态调谐滤波器进行谐波治理，提出了分布式电力谐波抑制方法，实现了多点同时动态滤波。

（4）解决了动态调谐滤波器的电气参数设计问题。针对动态调谐滤波器电气参数对谐波电流吸收率、调谐性能和成本的影响问题，优化设计了动态调谐滤波器的电气参数。为了表征动态调谐滤波器吸收谐波电流量值大小，分析得到了谐波电流吸收系数；通过滤波电容器容量对滤波性能的影响试验，分析得出了滤波电流吸收值与滤波电容器容量的关系及其吸收系数范围；提出了滤波电容的容量设计方法和电磁耦合电抗变换器的额定参数设计方法；开发了优化仿真系统，并进行了实例计算，构建了参数设计预估模型。

研究的过程是一个"理论→优化设计→试验与工程应用"不断循环往复的过程，新的理论和方法在试验中提炼完善，同时又经受试验的检验。本书结构只是为了叙述的方便，而实际工作中理论研究、设计、试验与工程应用总是交织进行的。

全书共7章，是作者10年来研究工作的总结。在学习和研究过程中，得到作者的硕士和博士研究生导师武汉理工大学袁佑新教授、联合培养博士生导师美国威斯康星大学麦迪逊分校冉斌教授的悉心指导。为保持本书内容的完整性，引用了作者研究生导师研究团队的少量研究成果，在此一并致谢。由于本人学识水平和现有条件以及时间的限制，此项工作尚有一些不足之处有待完善。作者希望各位专家提出批评和建议。

学习研究和撰写本书过程中，得到武汉理工大学自动化学院、武汉科技大学信息科学与工程学院各位领导和同仁的支持帮助，得到南京康迪欣电气成套设备有限公司和武汉科闻机电集成系统有限责任公司的支持，在此谨对他们表示感谢！

电力谐波动态调谐滤波技术是一种电力谐波的有效抑制，与有源滤波器配合，发挥二者优势，使之协调运行，更适合于高压大功率电力谐波治理，尤其考虑到可靠性方面在高压领域具有很好的应用前景。本书只是一个开端，还有大量的工作要深入。如果本书能在吸引更多的同行加入这一研究领域，共同推动电力谐波动态调谐滤波技术的发展方面起到一点作用，作者将倍感欣慰。

限于作者的水平，书中不当和疏漏之处在所难免，敬请广大读者批评指正。

王一飞

2023 年 2 月于武汉科技大学

目 录

第1章 绪论 ························1
1.1 研究背景和意义 ··················1
1.2 国内外研究现状 ··················1
1.2.1 无源滤波器研究现状 ···········2
1.2.2 滤波电抗器研究现状 ···········4
1.2.3 有源滤波器研究现状 ···········5
1.3 电力谐波的标准和规范 ·············6

第2章 电磁耦合滤波电抗器的数学模型与特性 ······9
2.1 电磁耦合滤波电抗器构成原理 ·········9
2.1.1 传统铁芯电抗器结构 ············9
2.1.2 电磁耦合滤波电抗器原理 ·········10
2.2 电磁耦合滤波电抗器结构 ············11
2.2.1 基本型电磁耦合滤波电抗器结构 ····11
2.2.2 大功率电磁耦合滤波电抗器结构 ····12
2.3 电抗变换器的数学模型与等效电路 ······12
2.4 基本型电磁耦合滤波电抗器的数学模型 ···14
2.4.1 基本型电磁耦合滤波电抗器的最大阻抗 ····14
2.4.2 基本型电磁耦合滤波电抗器的最小阻抗 ····15
2.4.3 基本型电磁耦合滤波电抗器的调节阻抗 ····15
2.5 基本型电磁耦合滤波电抗器的阻抗特性 ·····16
2.6 大功率电磁耦合滤波电抗器阻抗变换数学模型 ··17
2.7 大功率电磁耦合滤波电抗器的阻抗特性 ······20
2.7.1 大功率电磁耦合滤波电抗器的最大阻抗 ····20
2.7.2 大功率电磁耦合滤波电抗器的最小阻抗 ····21
2.7.3 大功率电磁耦合滤波电抗器的调节阻抗 ····21
2.8 电磁耦合滤波电抗器的等效谐波阻抗 ·······22
2.8.1 基本型电磁耦合滤波电抗器的等效谐波阻抗 ····22

  2.8.2 大功率电磁耦合滤波电抗器的等效谐波阻抗 …………… 23
 2.9 基本型电磁耦合滤波电抗器的滤波抑制特性 …………………… 24

第3章 电抗变换器工艺参数优化设计方法 ……………………………… 27
 3.1 工艺参数 ………………………………………………………… 27
 3.2 工艺参数设计步骤 ……………………………………………… 29
 3.3 铁芯直径与绕组匝数计算方法 ………………………………… 30
 3.4 绕组高度与铁芯窗高计算方法 ………………………………… 31
  3.4.1 绕组扁铜线选取方法 …………………………………… 31
  3.4.2 电抗绕组高度计算方法 ………………………………… 33
  3.4.3 铁芯窗高计算方法 ……………………………………… 34
 3.5 电抗绕组长度计算方法 ………………………………………… 35
 3.6 绕组直径与铁芯中心柱绝缘半径计算方法 …………………… 37
 3.7 电抗变换器的重量计算方法 …………………………………… 37
 3.8 电抗变换器工艺参数设计仿真系统 …………………………… 38
  3.8.1 主程序 …………………………………………………… 39
  3.8.2 铁芯直径与绕组匝数计算程序 ………………………… 39
  3.8.3 绕组高度与铁芯窗高计算程序 ………………………… 40
  3.8.4 电抗绕组长度计算程序 ………………………………… 40
  3.8.5 绕组直径与铁芯中心柱绝缘半径计算程序 …………… 41
  3.8.6 电抗变换器的重量计算程序 …………………………… 41

第4章 电力谐波动态调谐滤波方法 …………………………………… 42
 4.1 动态调谐电力滤波系统 ………………………………………… 42
 4.2 动态调谐滤波全调谐方法 ……………………………………… 43
  4.2.1 谐波影响模型与谐波影响系数 ………………………… 43
  4.2.2 动态调谐滤波全调谐方法原理 ………………………… 46
  4.2.3 动态调谐滤波全调谐方法实现 ………………………… 47
 4.3 动态调谐滤波器拓扑结构 ……………………………………… 48
 4.4 动态调谐滤波器原理 …………………………………………… 49
  4.4.1 动态调谐滤波原理 ……………………………………… 49
  4.4.2 无功补偿原理 …………………………………………… 51
  4.4.3 节能机理 ………………………………………………… 52
  4.4.4 电抗率稳定机理 ………………………………………… 54
 4.5 动态调谐控制方法 ……………………………………………… 55
  4.5.1 控制目标的选取 ………………………………………… 55

4.5.2　动态调谐控制方法原理 …………………………………… 56
4.6　自寻优控制策略 …………………………………………………… 57
4.7　动态调谐滤波器的性能评价指标 ………………………………… 59
　　4.7.1　抑制性能评价指标 …………………………………………… 59
　　4.7.2　节能性能评价指标 …………………………………………… 60
　　4.7.3　动态调谐滤波效率评价指标 ………………………………… 60
4.8　分布式电力谐波抑制方法 ………………………………………… 60
　　4.8.1　多台动态调谐滤波器配置 …………………………………… 60
　　4.8.2　分布式电力谐波抑制系统方案 ……………………………… 61
　　4.8.3　分布式电力谐波抑制方法的实施步骤 ……………………… 63

第5章　动态调谐滤波器电气参数设计优化方法 …………………… 64
5.1　电气参数设计方法 ………………………………………………… 64
　　5.1.1　谐波电流吸收系数 …………………………………………… 65
　　5.1.2　谐波电流关系系数 …………………………………………… 67
　　5.1.3　挂网试验 ……………………………………………………… 69
　　5.1.4　滤波电容的容量设计方法 …………………………………… 72
　　5.1.5　电抗变换器的额定参数设计方法 …………………………… 72
5.2　电气参数遗传优化方法 …………………………………………… 73
　　5.2.1　优化目标函数 ………………………………………………… 73
　　5.2.2　电气参数优化步骤 …………………………………………… 73
　　5.2.3　优化结果确定 ………………………………………………… 75
5.3　动态调谐滤波器参数的遗传优化仿真系统 ……………………… 76

第6章　动态调谐滤波器研制 …………………………………………… 78
6.1　动态调谐滤波器的主电路设计 …………………………………… 78
6.2　电气参数设计与优化实例 ………………………………………… 80
　　6.2.1　谐波源与优化参数设置 ……………………………………… 80
　　6.2.2　参数优化结果 ………………………………………………… 80
　　6.2.3　参数优化结果输出 …………………………………………… 81
　　6.2.4　电气参数快速估算 …………………………………………… 81
6.3　电抗变换器工艺参数设计实例 …………………………………… 82
　　6.3.1　设计技术指标 ………………………………………………… 83
　　6.3.2　设计参数设置 ………………………………………………… 83
　　6.3.3　工艺参数设计结果 …………………………………………… 83
　　6.3.4　工艺参数提取 ………………………………………………… 84

- 6.4 控制系统的方案设计 ……………………………………………… 86
- 6.5 控制系统硬件设计 …………………………………………………… 87
  - 6.5.1 操作回路设计 ……………………………………………… 88
  - 6.5.2 谐波采集电路设计 ………………………………………… 89
  - 6.5.3 脉冲触发电路设计 ………………………………………… 91
- 6.6 PLC 的输入/输出通道设计 ………………………………………… 91
  - 6.6.1 PLC 的开关量输入通道设计 ……………………………… 92
  - 6.6.2 PLC 的开关量输出通道设计 ……………………………… 92
  - 6.6.3 PLC 的模拟量输出通道设计 ……………………………… 93
- 6.7 PLC 控制系统软件程序设计 ………………………………………… 94
  - 6.7.1 程序功能设计 ……………………………………………… 94
  - 6.7.2 符号表的设计 ……………………………………………… 95
  - 6.7.3 主程序 ……………………………………………………… 96
  - 6.7.4 初始化子程序 ……………………………………………… 97
  - 6.7.5 Modbus 通信程序 …………………………………………… 98
  - 6.7.6 故障与报警子程序 ………………………………………… 99
  - 6.7.7 谐波分析子程序 …………………………………………… 100
  - 6.7.8 电网检测子程序 …………………………………………… 101
  - 6.7.9 寻优控制子程序 …………………………………………… 101
- 6.8 MCGS 组态软件程序设计 …………………………………………… 103
- 6.9 PLC 与 MCGS 的通信设计 ………………………………………… 108

第 7 章 工程应用方法与实例 …………………………………………… 110

- 7.1 工程应用实施方案 …………………………………………………… 110
- 7.2 工程试验方法 ………………………………………………………… 111
- 7.3 单谐波源谐波抑制工程实例 ………………………………………… 112
- 7.4 多谐波源谐波抑制工程实例 ………………………………………… 114
- 7.5 对比性试验结果与分析 ……………………………………………… 116
- 7.6 分布式电力谐波抑制工程实例 ……………………………………… 118
- 7.7 分布式电力谐波抑制仿真实例 ……………………………………… 119

参考文献 …………………………………………………………………… 125

作者简介 …………………………………………………………………… 128

第1章 绪 论

1.1 研究背景和意义

电力是关系国计民生的基础产业。随着全面建设小康社会的进程加快,我国的发电装机容量和全国用电总量也在持续增长。从国家能源局获悉:统计数据显示,截至2022年12月底,全国累计发电装机容量约25.6亿kW,同比增长7.8%。因此,《电力发展"十三五"规划》对电力工业的重大意义和重要地位做出了权威阐释:"电力是关系国计民生的基础产业,电力供应和安全事关国家安全战略,事关经济社会发展全局。"

工业和交通行业大量使用非线性负载的电力电子设备及装置产生电力谐波。电力谐波的危害是多方面的,电力谐波会使供电质量降低,增加电能损失和电力设施负荷,导致电力系统运行不安全、不经济;对供配电系统中的电子设备、电力电容器、电缆、元器件、继电保护、通信电路和控制系统等产生严重影响,致使用电设备的有效容量和效率降低、系统功率因数降低,极易导致产品质量下降、生产不安全,严重的可致使设备经常停机,生产无法正常运行,进而造成较大经济损失。

世界各国对电力系统和用电设备的谐波制定了相关标准。有效地治理谐波,将谐波控制在国家标准允许限值内,保障电力系统安全运行,具有重要的理论意义和重大的现实意义。

近年来,国内外专家学者对谐波产生原因、危害、抑制方法和相关技术进行了深入的分析总结。解决谐波问题的最佳途径,就是在谐波产生的源端和最近谐波源的用电末端装设电力滤波器。目前,国内外普遍使用的电力滤波器主要有无源滤波器(Passive Power Filter,PPF)和有源滤波器(Active Power Filter,APF)。

1.2 国内外研究现状

电力谐波滤波技术源于20世纪20年代至30年代的德国,相关人员研究了静止汞弧变流器对电力系统所产生的谐波污染,初期谐波研究工作集中在对静止变流器的谐波问题的研究。20世纪中叶,电力系统的负载中非线性负载较少,由此带来的危害不够显著,也没有得到学术界的足够重视。到了20世纪的60年代至70年代,随着电力电子技术的蓬勃发展,配电系统中非线性负载数量增多,权重加大,谐波危害凸显，谐波治理日益受到重视，学术界对谐波治理的研究越来越多，应用也日趋广泛。

谐波治理可分为主动治理和被动治理两种方式。主动方式包括脉宽调制技术、多电平拓扑、多重化技术、功率因数校正技术等，从产生谐波的根源入手，对电力电子装置的拓扑结构进行优化，对控制方法进行改进，来减少谐波的产生。这种源头治理的方法能取得很好的治理效果，但对已投入使用的电力电子装置，由于客观条件限制无法进行根本性的改造，很多情况下主动治理无法实施。

被动治理方式，是增设无源滤波器、有源滤波器以及混合型有源滤波器等电力滤波器来抑制谐波，从而减少谐波危害。

1.2.1 无源滤波器研究现状

无源滤波器是电力系统中最先提出、也是最早应用的电力谐波滤波装置。无源滤波器通常由滤波电容器、电抗器和电阻器等无源元件构成，因此按照构成又称为 LC 滤波器。无源滤波器的基本原理是：把无源滤波器在电网与接地之间并联，它对特定的某次谐波呈低阻抗，吸收谐波电流，从而使配电电网中流入的谐波电流相应减小，实现滤波目的。

无源滤波器从提出以来，得到国内外的广泛应用，目前也是应用最广泛的滤波器之一。国内外学者对于无源滤波技术及其装置进行了较为广泛深入的研究。研究主要集中在无源滤波器如何优化设计方法，如何提高谐波抑制性能，如何提高电能质量等方面。

针对工业电力系统中非线性负荷电流谐波问题，设计了单调谐滤波器和二阶高通滤波器；对不同频次的电流谐波，采用多台滤波器并联进行有效抑制，提出了基于谐振调节器的永磁同步电机电流谐波抑制方法；采用一种新的谐波因子计算基于电流谐波的畸变率，优化混合无源滤波器以降低谐波。

混合电力滤波器结构采用两个独立滤波器构成，可从 50Hz 调谐到 250Hz，工程应用表明能够有效抑制谐波电流。一是将现有无源滤波器与小容量的混合滤波器并联，改善无源滤波器的滤波性能；二是建立无源滤波器和混合有源无源电力滤波器（Hybrid Active Passive Power Filter，HAPPF）多目标优化模型，提高滤波器的可靠性和实用性；三是以粒子群优化算法来寻找滤波器最优解，并将其应用于工业实例。

国内外学者先后提出的无源滤波器设计与优化方法有：基于粒子群优化算法、混沌遗传算法、改进型遗传算法，以及基于电压总谐波失真和电流总谐波失真约束优化的无源滤波器优化设计方法等。将无源滤波器优化参数设计与谐波抑制和无功补偿两者兼顾，是无源滤波器参数选择的有效方法。从实际情况来看，仿真结果良好，但无源滤波器在工程应用时由于安装调试中的误差，谐振点往往偏移，滤波效果变差。因此，在实际设计中，需要更进一步的优化调试。

针对配有无源滤波器和有源滤波器，有学者提出了无源滤波器和有源滤波器同时优化布置和分级的方法，在测试系统验证了该方法的可行性和有效性，分析了滤波器无源元件的滤波特性，确定了安装滤波器的最佳位置。一种利用非线性电流指数（NLCI）来确定单调谐无源滤波器参数的新方法，采用 IEEE 标准对优化设计的滤波器性能进行了评估，采用非支配排序遗传算法来优化 3 个独立的目标函数，选择适当的滤波器类型进行补偿，并获得其参数，通过一个实际的例子进行了测试。

基于双侧通电绕组变压器的可变电抗器是一种新型串联简化无源滤波器的电能质量控制器，具有隔离谐波、滤波性能好、减少无源支路、简化无源滤波器设计、额定容量小等特点。利用晶闸管开关失谐自动功率因数校正系统和无源谐波滤波器来提高功率因数，是一种经济有效的电能质量改善方案。一个无源滤波器与一个小容量有源滤波器并联组合的系统，试验证明具有良好的实用性和有效性，使有源滤波器效率明显提高。利用基于输入阻抗参数空间性能优化的无源滤波器优化设计方法设计滤波器，通过设计实例验证能满足无功补偿和谐波滤波等要求。

为了减小体积和降低成本，高阶无源滤波器在功率变换器中普遍采用，以消除脉冲宽度调制引起的高频谐波。从阻尼能力、无源元件的储能和阻尼电路的功率损耗等方面，通过比较分析几种用于电压源变换器与电网接口的无源滤波器拓扑结构，给出了设计实例和试验数据。

一种基于总谐波失真标准质量指标对无源滤波器的配置进行排序的启发式方法，应用于简化的测试系统表明，在滤波器选择过程中，采用分布式的方法可以有效地抑制谐波失真。此外，由于该方法主要基于启发式方法，它避免了与使用先进的数学工具和人工智能技术相关的复杂性。

将基于 RLC 分析树的遗传规划方法应用于无源滤波设计，无须预先确定所需电路元件的数量，即可自动生成非常高阶的滤波器。人们优化设计了单调谐滤波器、双调谐滤波器、三调谐滤波器、阻尼双调谐滤波器和 C 型滤波器 5 种常用的无源谐波滤波器，比较分析了它们的滤波效果。针对无源滤波器和电容器组安装不便的问题，人们提出了一种解决方案，即安装两个专门为执行无源滤波器和电容器组所不能做的工作而设计的并联补偿器，改善电能质量。

一种基于基波磁通调谐补偿的无源滤波新方法及采用基于基波磁通补偿和二次侧单调谐技术的无源滤波新方法，每相增加基波单绕组变压器，在电源和无源滤波器之间接入一次绕组，二次侧以基波单调谐环节作为负载，基波电流无衰减通过，对于谐波电流为高阻抗的情况，变压器一次、二次侧就只有谐波电压和基波电流，实现了滤波，并通过仿真验证。

利用蒙特卡罗统计仿真方法，考虑了滤波器和系统参数偏差的概率性质，优化确定了一组单调谐谐波滤波器，以获得最大的年度成本节约和电路的最佳电能质量指标，并对所提出的方法进行了验证。采用一种基于非齐次布谷鸟搜索算法的无源失谐滤波器分配的模糊算法，针对单负载和多负载水平，对无源滤波器的取值和调整顺序进行了优化。在仿真中，研究了无源滤波器优化配置的不同情况，并与电容器优化配置进行了比较，最终的年净效益有所提高。还有光伏发电配电网无源谐波滤波器的优化概率规划，考虑采用日负荷变化和配电系统重构的无源谐波滤波器规划等措施，以提高电能质量。

综上所述，无源滤波器的优势在于结构简单、容量大、低成本和高效率。在连续运行的非线性负载谐波电流滤除中得到了非常广泛的应用。缺点在于谐波不能实时快速过滤，滤波性能依赖于电网和负载的参数，受环境和电容器件的影响较大，可能与电网阻抗作用产生谐振，会引起某次谐波放大数倍，严重威胁系统安全。国内外学者对于无源滤波技术及其装置从无源滤波器设计方法与优化、提高谐波抑制性能、提高电能质量等方面进行了研究，取得了一系列的成果，在给定参数设定条件时可以取得很好的谐波治理效果，而且能够兼顾谐波抑制和无功补偿的要求，一般在试验室条件下或者计算机仿真的结果均较良好。但是，由于L/C参数不可调和参数的离散化，一旦工况与给定值不符即谐振点发生偏移就会导致滤波效果较差。而实际工况与理想状况往往有较大差距，加上实际安装调试过程的误差，致使滤波器达不到预期效果。因此，从实际应用出发，需要从以下方面进行更进一步的优化：解决L/C参数不可调和参数的离散化、谐振频率和滤波特性变化、谐振点偏移导致滤波效果变差等问题。

1.2.2 滤波电抗器研究现状

滤波电抗器主要用于高低压滤波柜中，采取滤波电容器串联方式，调谐至某一特定谐振频率，用来吸收谐波电流。国内外学者对滤波电抗器技术进行了广泛研究。

针对当前谐波过滤方法问题，对传统滤波电抗器提出了多种改进方案。①采用和交流电动机定子相似的电磁结构，调整电抗器绕组的空间分布，形成高值耦合电抗，有效抑制谐波电流；②在正弦交流电源与负载间串联具有电磁耦合的电抗器来进行谐波过滤；③采用一种基于非正交解耦理论的整流变压器集成线性滤波电抗方法，将感应滤波装置中的空心电抗器转换为变压器的电抗器绕组，并安装于整流变压器中；④采用一种新型的变压器集成滤波电抗器技术，包括变压器集成滤波电抗器特殊的接线方式及线圈布置方法，集成滤波电抗器的工程设计方法，以及一种基于受控电压源的变压器集成滤波电抗器建模新方法；⑤采用一种高功率耗散谐波滤波电抗器，其上安装有选定的特性材料的带圈，仅提供电磁耦合的电阻，该电阻反馈回用作滤波的电抗器的绕组。

基于磁阀可控电抗器（MCR）的结构特性和磁通分布，人们提出了一种新颖的快速改进方法，其仅需要在 MCR 的两个铁轭和多个开关装置中添加辅助绕组，分析和建立了对磁化和退磁的数学模型。在此基础上，考虑了估计的过渡时间与改进的 MCR 结构参数之间的关系，建立了速度提高方法的仿真模型，仿真结果证实了理论分析的正确性和 MCR 新型快速改进方法的有效性。一种基于变压器的新型可变电抗器，选择具有气隙的变压器，并检测初级电压，将其用作参考信号，以跟踪参考信号产生可控电压，施加在变压器的次级绕组上。当二次控制电压和初级电压满足比例条件时，变压器初级绕组的等效阻抗将连续变化。有些新型可变电抗器可应用于并联电能质量控制器中，如一种基于纳米复合磁性材料的具有固有磁态调节功能的新型可控电抗器。首先，为了分析该材料的转化机理和制备技术，建立了一种滞后数学模型，确定了该材料的矫顽力与剩磁之间的对应关系；其次，将纳米复合磁性材料植入传统的可控反应器中；然后，基于磁路理论的磁阻，完成了可控电抗器的结构设计和电磁设计；最后，设计了可控电抗器的有效控制参数和控制系统。仿真和试验结果表明，电感值可以连续快速调节，电抗器可用于无功调节和谐波抑制，为智能电网安全运行提供智能节能电力设备。试验室原型 Virtual Air Gap 可变电抗器（VAG-VR）使用虚拟气隙，可实现具有更好动态响应的连续可变电抗，并且不会引入由 TCR 的晶闸管切换产生的谐波。利用 MCR 的结构特征和磁通分布对 MCR 快速性改进，并通过开发和分析磁化和退磁过程的数学模型，分析估计的过渡时间和改进结构之间的关系。仿真结果证实了理论分析的有效性和 MCR 快速性的改进。故障限流器（FCL）正常情况下，反应器气隙大，阻抗低；当短路故障发生时，电流立即增大，在反应堆的固定和活动部件之间产生强大的力，气隙减小，具有高阻抗；故障排除后，反应堆通过弹簧很容易恢复到原来的状态。

综上所述，以上内容对滤波电抗器的滤波方法、所采用的电磁结构等方面进行了深入的研究，针对不同目的和不同工作条件提出了多种创新办法。但以上内容未提及"具有阻抗变换和谐波抑制特性"的电抗器拓扑结构和设计方法。因此，对电抗器的拓扑结构和设计方法的研究需要深入。

1.2.3 有源滤波器研究现状

有源滤波技术是第二代滤波技术。它是应用电力电子技术和现代控制理论与方法实现动态抑制谐波与无功补偿的技术。它的基本原理是对消法，即有源滤波器产生一个与谐波电流大小相等、方向相反的补偿电流，使得电网侧的电流只包含基波分量。

根据联结形式的不同，有源滤波器可分为串联型与并联型两种。串联型有源滤波器串联在电源与非线性负载之间，可等效成一个受控电压源，工作原理是：滤波器变流器产生补偿电压，通过变压器抵消由非线性负载产生的谐波电压，使电源侧的电压波形为正弦波；并联型有源滤波器与电网并联，可等效成一个受控电流源，滤波器可产生与非线性负载电流方向相反且大小相等的谐波电流，通过抵消，使电源侧的电流波形为正弦波。

有源滤波器具有"高补偿性能和装置容量灵活运用"两个重要性能指标。针对补偿容量的可调度性和灵活性，人们提出了一种根据非线性负载产生不同次谐波有功功率潮流的流向进行谐波的精细化补偿方法。根据网侧馈线电流中的谐波有功功率流向，实时补偿污染谐波分量，实现了小容量的 APF 补偿容量的同时有效地抑制了非线性负载注入电网的谐波污染。

有源滤波器可实现动态滤除谐波、自动跟踪和补偿谐波电流，而且有很强的可控性和响应性，滤波性能不受系统阻抗的影响，补偿性能不受电网频率波动的影响。在并联型有源滤波器输出端，加入一个 LCL 滤波器，无源滤波器吸收主要谐波电流，其他谐波则由有源滤波器补偿；采用基于自适应滞环带电流控制器的有源滤波器，可以在消除谐波的同时补偿三相整流的无功功率；采用基于输出电压校正的混合有源滤波器（APPF）控制策略，实现混合有源滤波器输出电压校正，达到减小剩余系统谐波电流的目的。人们仿真分析了不同控制参数下、有无背景谐波情况下和负载不同变化剧烈程度下的滤波效果；一种新型滑模控制方法用于混合型并联有源滤波器中，有效地抑制了电网中电压变化以及由于电网中负载变化引起的谐波电流，完成了仿真验证；将有源滤波器与基波谐振支路并联后，以一对调谐滤波器作为注入支路，同时又独立挂载一对调谐滤波器，以无源滤波器滤除一部分谐波，有源滤波器滤除一部分谐波，试验结果表明该混合有源滤波器具有良好的谐波补偿性能。还有一种新的滑模控制器设计方法，导出了三相混合串联型有源无源电力滤波器（HSAPPF）的精确平均模型，使 HSAPPF 具有更强的鲁棒性和稳定性，通过了仿真和试验研究。一种基于保守功率理论的混合有源滤波器可以补偿谐波、无功功率以及工业电力系统中不同线性和非线性负荷所造成的不平衡，并通过了仿真验证。

综上所述，有源滤波器以及在此基础上发展起来的混合型有源滤波器是新一代的滤波技术，具有良好的谐波补偿性能，是当前研究的热点问题。经过近年来的研究和发展，有源滤波器已具有补偿范围大、响应快、可调性高等突出的性能优势，混合型有源滤波器可以有效地补偿无功损耗和负载谐波电流。有源滤波器的主要问题是在结构和控制方面较为复杂，导致成本和价格较高，操作条件较为苛刻，容易受硬件设备的限制；混合型有源滤波控制算法复杂，系统的安全性和可靠性难以得到保证，需要重点解决。有源滤波器因本身结构与技术原因限制了吸收（滤除）谐波电流的应用范围。

1.3 电力谐波的标准和规范

世界各国对电力系统和用电设备的谐波制定了相关标准。有效地治理谐波，将谐波控制在国家标准允许限值内，保障电力系统安全运行，具有重要的理论意义和重大的现实意义。

标准和规范对于电力系统谐波的监测治理具有独特的作用。为了有效规范电力系统谐波监测与治理工作，需要电力谐波的标准和规范来促进和指导我国电力谐波治理相关研究和应用工作。发达国家和一些国际性组织均先后颁布了电力谐波有关的标准和规范，对指导各国制定适合本国国情的国家标准意义重大。

IEC61000 系列电磁兼容标准由国际电工委员会（IEC）颁布，在电磁兼容（EMC）方面构成了的较为完备的国际标准体系。其中，IEC61000-3 系列是影响很大的一个系列，其中详细规定了供电系统中负载谐波电流发射限值。

另外一个影响很大的谐波国际标准是 IEEE 519—1992，由国际电气电子工程师协会（IEEE）颁布。我国部分国家标准采用了部分 IEC61000 标准，欧盟也把它作为为欧盟的 EN61000 系列的电磁兼容认证标准，对谐波治理具有很强的指导价值，推荐的实施细则和要求虽然不是强制标准，但得到了广泛应用。IEEE 在 2012 年 7 月，在 IEEE 519—1992 标准基础上，经过进一步改进，颁布了 IEEE P519.1/D12 "Guide for Applying Harmonic Limits on Power Systems"，详细规定了电力系统中有关谐波限值，而且针对各种电力用户，提供了谐波评估的有关流程，给出了相关的案例。

IEEE 519—1992 标准给出的奇次谐波电流畸变值指最大谐波电流占最大负载基波电流 I_L 的百分比，如表 1-1 所示。

表 1-1　IEEE 519—1992 标准给出的奇次谐波电流畸变值（%）

I_{SC}/h	$h<11$	$11 \leqslant h<17$	$17 \leqslant h<23$	$23 \leqslant h<35$	$35 \leqslant h$	TDD
<20	4.0	2.0	1.5	0.6	0.3	5.0
20~50	7.0	3.5	2.5	1.0	0.5	8.0
50~100	10.0	4.5	4.0	1.5	0.7	12.0
100~1000	12.0	5.5	5.0	2.0	1.0	15.0
>1000	15.0	7.0	6.0	2.5	1.4	20.0

表 1-1 中，TDD 为总需求失真，指谐波电流失真占最大需求负载电流的百分比（%）（15min 或 30min 需求）；I_{SC} 是在共耦点处的短路电流；h 表示谐波次数。

20 世纪 80 年代初期，中国电力系统谐波的管理和规范工作开始起步，当时的电力主管部门国家水利电力部和国家技术标准主管部门国家质量监督检验检疫总局先后颁布了一系列规范和标准，重要的有：SD126—1984《电力系统谐波管理暂行规定》，水利电力部颁布，1985 年 1 月 1 日实施，是电力系统谐波最早的国家规定；GB/T 14549—1993《电能质量　公用电网谐波》，国家技术监督局颁布，

1994年3月1日实施，规定了110kV及以下的公用电网谐波允许值及其测试方法；GB/Z 17625.6—2003《电磁兼容 限值 对额定电流大于16A的设备在低压供电系统中产生的谐波电流的限制》，国家质量监督检验检疫总局颁布，2003年8月1日实施，规定了对额定电流大于16A的设备在低压供电系统中产生的谐波电流的限制。这些国家标准的颁布实施，逐步建立起我国电力谐波的标准和规范体系。加上1988年中国电机工程学会高次谐波分专业委员会成立，有力地促进了我国电力谐波治理相关研究和应用工作。

第 2 章　电磁耦合滤波电抗器的数学模型与特性

传统铁芯电抗器因其结构简单、低成本等原因，广泛应用于电力系统的滤波、无功补偿、限流等场所。由于传统铁芯电抗器存在电感量不可调、受环境与电容器件影响和参数的离散化等问题，以及作为主要器件构成的无源滤波器存在谐振频率和滤波特性变化、谐振点偏移和滤波效果不稳定等不足，因此其使用受到限制。针对传统气隙铁芯电抗器电感量不可调问题，本章研究了电磁耦合滤波电抗器的构成原理，提出一种电感量连续可调的电磁耦合滤波电抗器结构，接入本体滤波器，构建基本型电磁耦合滤波电抗器结构。大谐波电流抑制对滤波电抗器功率有更高要求，为此在基本型电磁耦合滤波电抗器基础上进行优化，构成大功率电磁耦合滤波电抗器结构。本章将构建阻抗变换数学模型，并仿真分析阻抗变换特性，揭示电感量连续可调的机理；构建谐波数学模型，揭示电磁耦合滤波电抗器的等效谐波阻抗关系；仿真分析基本型电磁耦合滤波电抗器谐波抑制特性，揭示本体滤波器吸收谐波电流的机理。

2.1　电磁耦合滤波电抗器构成原理

2.1.1　传统铁芯电抗器结构

传统铁芯电抗器的典型结构如图 2-1 所示。

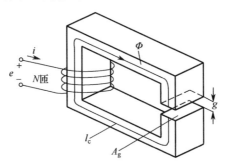

图 2-1　传统铁芯电抗器的典型结构

为了方便研究，先做几个设定：①忽略空气隙的边缘效应；②铁芯横截面积在每段中近似不变；③忽略漏磁通；④环路中磁感应强度相同。

根据安培环路定理，在不考虑气隙边缘效应情况下，设铁芯横截面积和空气截面积相同，并根据自感表达式等，可得铁芯电抗器自感值如下：

$$L = \frac{N\Phi}{i} = \frac{N^2BA}{Ni} = \frac{N^2BA}{H_og + H_cl_c} = \frac{N^2BA}{\frac{gB}{\mu_o} + \frac{l_cB}{\mu_r\mu_o}} = \frac{\mu_oN^2A}{g + \frac{l_c}{\mu_r}} \quad (2-1)$$

式中：μ_r 为铁芯磁导率；μ_o 为空气磁导率；N 为线圈匝数；Φ 为磁通；i 为线圈中的电流；A 为铁芯横截面积；H_c 为铁芯磁场强度；H_o 为空气隙磁场强度；B 为磁感应强度；g 为气隙高度；l_c 为圈长。

由式（2-1）可知：由于 μ_r 较大，因此铁芯电抗器自感值主要取决于匝数、铁芯横截面积、气隙磁阻等参数，当铁芯电抗器结构确定时其电抗值也固定，无法连续改变。

2.1.2 电磁耦合滤波电抗器原理

在传统铁芯电抗器结构的基础上，将单个绕组的铁芯电抗器设计成具有一次电抗绕组（A-X）和二次电抗控制绕组（a_2-x）的电抗变换器（Electromagnetic Coupling Reactance Converter，ECRC）；二次电抗控制绕组接入电力电子阻抗变换器（Power Electronic Impedance Converter，PEIC），并增加二次滤波绕组（a_3-x）接入本体滤波器（Internal Harmonic Filter，IHF），构成电磁耦合滤波电抗器，也称为"基本型电磁耦合滤波电抗器"，其原理示意图如图 2-2 所示。

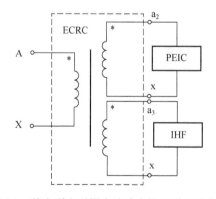

图 2-2 基本型电磁耦合滤波电抗器原理示意图

电磁耦合滤波电抗器依托 ECRC 二次电抗控制绕组中接入 PEIC，通过控制 PEIC 实现电磁耦合滤波电抗器的电感量连续可调；在电抗变换器的二次滤波绕组接入 IHF，抑制 PEIC 产生的奇次谐波电流。

2.2 电磁耦合滤波电抗器结构

2.2.1 基本型电磁耦合滤波电抗器结构

根据图 2-2，在电抗变换器的二次电抗控制绕组的输出端（a_2-x）接入 PEIC，二次滤波绕组的输出端（a_3-x）接入 IHF，可以得到基本型电磁耦合滤波电抗器，其拓扑结构如图 2-3 所示。

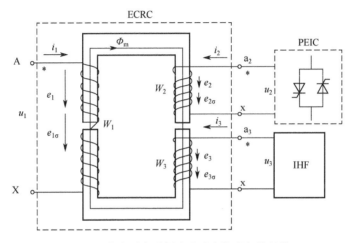

图 2-3 基本型电磁耦合滤波电抗器拓扑结构

图 2-3 中，W_1、u_1 和 i_1 分别为一次电抗绕组的匝数、电压和电流；W_2、u_2 和 i_2 分别为二次电抗控制绕组的匝数、电压和电流；e_1 和 e_2 分别为一次电抗绕组和二次电抗控制绕组的励磁电势；$e_{1\sigma}$、$e_{2\sigma}$ 分别为一次电抗绕组和二次电抗控制绕组的漏电势。

一次电抗绕组产生的磁动势（$F_1 = W_1 I_1$）主要建立两种磁通：

（1）一次电抗绕组的漏磁通 $\Phi_{1\sigma}$ 主要通过空气建立磁链产生漏电势 $e_{1\sigma}$；

（2）一次电抗绕组的励磁磁通 Φ_{1m} 与二次电抗控制绕组交链产生励磁电势 e_1。

同理，二次电抗控制绕组产生的磁动势（$F_2 = W_2 I_2$）分别建立漏磁通 $\Phi_{2\sigma}$ 和励磁磁通 Φ_{2m}，产生漏电势 $e_{2\sigma}$ 和励磁电势 e_2。

励磁磁通 Φ_{1m} 和 Φ_{2m} 共同作用产生主磁通 Φ_m，并通过铁芯和气隙形成闭合磁路，主磁通同时与一次电抗绕组和二次电抗控制绕组相交链，起能量传递媒介的作用。

图 2-3 中，W_3、u_3、i_3、e_3 和 $e_{3\sigma}$ 分别为二次滤波绕组的匝数、电压、电流、励磁电势和漏电势。

2.2.2 大功率电磁耦合滤波电抗器结构

为了提高电磁耦合滤波电抗器的容量,适应大谐波电流抑制需要,在基本型电磁耦合滤波电抗器结构的基础上,将基本型电抗变换器的二次电抗控制绕组设计成 $n-1$ 个二次电抗控制绕组 a_2-x $\sim$ a_n-x,其输出端分别接入电力电子阻抗变换器 $PEIC_2$ $\sim$ $PEIC_n$,二次滤波绕组 a_{n+1}-x 接入 IHF,构成大功率电磁耦合滤波电抗器,其结构如图 2-4 所示。

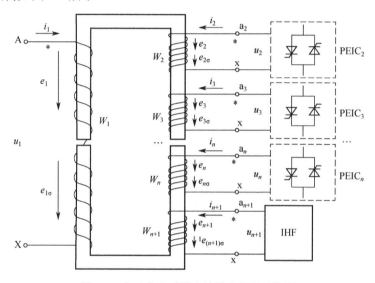

图 2-4 大功率电磁耦合滤波电抗器结构图

2.3 电抗变换器的数学模型与等效电路

由图 2-3,可得到 ECRC 一次电抗绕组和二次电抗控制绕组的电磁方程:

$$\begin{cases} e_1 = -W_1 \dfrac{\mathrm{d}(\varPhi_{1m} + \varPhi_{2m})}{\mathrm{d}t} = -W_1 \dfrac{\mathrm{d}\varPhi_m}{\mathrm{d}t} \\ e_2 = -W_2 \dfrac{\mathrm{d}(\varPhi_{1m} + \varPhi_{2m})}{\mathrm{d}t} = -W_2 \dfrac{\mathrm{d}\varPhi_m}{\mathrm{d}t} \end{cases} \quad (2\text{-}2)$$

$$\begin{cases} e_{1\sigma} = -W_1 \dfrac{\mathrm{d}\varPhi_{1\sigma}}{\mathrm{d}t} \\ e_{2\sigma} = -W_2 \dfrac{\mathrm{d}\varPhi_{2\sigma}}{\mathrm{d}t} \end{cases} \quad (2\text{-}3)$$

设 R_m 为带气隙主磁路磁阻,$R_{1\sigma}$ 和 $R_{2\sigma}$ 分别为一次电抗绕组和二次电抗控制绕组的漏磁通磁阻,对式(2-2)和式(2-3)进行变换可得

$$\begin{cases} e_1 = -W_1^2 R_m \dfrac{di_1}{dt} - W_1 W_2 R_m \dfrac{di_2}{dt} \\ e_2 = -W_2^2 R_m \dfrac{di_2}{dt} - W_1 W_2 R_m \dfrac{di_1}{dt} \end{cases} \tag{2-4}$$

$$\begin{cases} e_{1\sigma} = -W_1^2 R_{1\sigma} \dfrac{di_1}{dt} \\ e_{2\sigma} = -W_2^2 R_{2\sigma} \dfrac{di_2}{dt} \end{cases} \tag{2-5}$$

设电抗变换器一次电抗绕组与二次电抗控制绕组之间互感为 M，一次电抗绕组和二次电抗控制绕组的自感分别为 L_{11} 和 L_{22}，其值为

$$\begin{cases} M = M_{12} = M_{21} = W_1 W_2 R_m \\ L_{11} = W_1^2 R_m + W_1^2 R_{1\sigma} \\ L_{22} = W_2^2 R_m + W_2^2 R_{2\sigma} \end{cases} \tag{2-6}$$

考虑电抗变换器的磁阻较大，处于非饱和状态，且工作在线性区域，根据基尔霍夫定律可得到电压方程如下：

$$\begin{cases} \dot{U}_1 = \dot{I}_1 [R_1 + j\omega(L_{11} - kM)] + (\dot{I}_1 + \dot{I}_2/k) j\omega kM \\ \dot{U}_2 = \dot{I}_2 \left[R_2 + j\omega \left(L_{22} - \dfrac{M}{k} \right) \right] + (k\dot{I}_1 + \dot{I}_2) j\omega \dfrac{M}{k} \end{cases} \tag{2-7}$$

式中：R_1 和 $\dot{I}_1$ 分别为电抗变换器一次电抗绕组的电阻和电流；R_2 和 $\dot{I}_2$ 分别为电抗变换器二次电抗控制绕组的电阻和电流；k 是一次电抗绕组与二次电抗控制绕组匝数比。

设 Z_1、Z_2 和 Z_m 分别为电抗变换器的一次电抗绕组漏抗、二次电抗控制绕组漏抗和主磁通回路的励磁阻抗，其值为

$$\begin{cases} Z_1 = R_1 + j\omega(L_{11} - kM) = R_1 + jX_{1\sigma} \\ Z_2 = R_2 + j\omega(L_{22} - M/k)] = R_2 + jX_{2\sigma} \\ Z_m = j\omega \dfrac{M}{k} \end{cases} \tag{2-8}$$

折算到电抗变换器的一次电抗绕组的电压、电流、漏抗等参数为

$$\begin{cases} \dot{U}_1' = \dot{U}_1/k \\ \dot{I}_1' = k\dot{I}_1 \\ Z_1' = Z_1/k^2 \end{cases} \tag{2-9}$$

将式（2-8）和式（2-9）代入式（2-7）可得

$$\begin{cases} \dot{U}_1' = (R_1' + j\omega L_1') \dot{I}_1' + j\omega L_m \dot{I}_m \\ \dot{U}_2 = (R_2 + j\omega L_2) \dot{I}_2 + j\omega L_m \dot{I}_m \end{cases} \tag{2-10}$$

式中：$\dot{I}_\mathrm{m} = \dot{I}_1' + \dot{I}_2$ 为主磁通回路的励磁电流；R_1'、L_1' 和 Z_1' 分别为折算到电抗变换器的一次电抗绕组的等效电阻、电感和阻抗，L_2 为电抗变换器的二次电抗控制绕组的等效电感，其值为

$$\begin{cases} R_1' = R_1/k^2 \\ L_1' = (L_{11} - kM)/k^2 \\ Z_1' = Z_1/k^2 \\ L_2 = L_{22} - M/k \end{cases} \tag{2-11}$$

式（2-10）和式（2-11）称为电抗变换器的数学模型，与其对应的 T 型等效电路如图 2-5 所示。

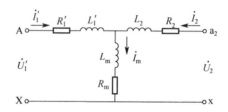

图 2-5　电抗变换器 T 型等效电路图

2.4　基本型电磁耦合滤波电抗器的数学模型

基本型电磁耦合滤波电抗器阻抗变换由二次电抗控制绕组和电力电子阻抗变换器实现。由图 2-3 所示的基本型电磁耦合滤波电抗器有"开路""短路"和"调节"3 种工作状态，分析得到基本型电磁耦合滤波电抗器的最大阻抗、最小阻抗和调节阻抗。

2.4.1　基本型电磁耦合滤波电抗器的最大阻抗

当电抗变换器的二次电抗控制绕组的输出端（a_2-x）处于开路状态（晶闸管触发角为最大，导通角为 0，晶闸管为截止状态）时，$\dot{I}_2=0$，称为基本型电磁耦合滤波电抗器的"开路"状态。此时，$\dot{I}_\mathrm{m} = \dot{I}_1' = k\dot{I}_1$，基本型电磁耦合滤波电抗器开路状态等效电路与图 2-5 相同。

将电路参数折算到一次电抗绕组，一次电抗绕组阻抗最大，其值为

$$Z_{11\max} = \dot{U}_1'/\dot{I}_1' = Z_1' + Z_\mathrm{m} = Z_1/k^2 + Z_\mathrm{m} \tag{2-12}$$

此时，一次电抗绕组的电感也最大，记为 $L_{11\max}$。

2.4.2 基本型电磁耦合滤波电抗器的最小阻抗

当电抗变换器的二次电抗控制绕组的输出端（a_2-x）处于短路状态（晶闸管触发角为 0°，导通角为最大，晶闸管全导通状态）时，$\dot{U}_2=0$，称为基本型电磁耦合滤波电抗器的"短路"状态。基本型电磁耦合滤波电抗器短路状态等效电路如图 2-6 所示。

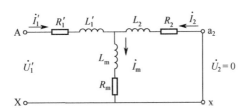

图 2-6 基本型电磁耦合滤波电抗器短路状态等效电路

从图 2-6 可知，电抗变换器的二次电抗控制绕组短路时，将电路参数折算到一次电抗绕组，一次电抗绕组阻抗最小。此时，一次电抗绕组的电感也最小，记为 L_{11min}。

一次电抗绕组阻抗值为

$$Z_{11min} = \frac{\dot{U}_1'}{\dot{I}_1'} = Z_1' + \frac{Z_m + Z_2}{Z_m Z_2} = \frac{Z_1}{k^2} + \beta_1 Z_2 \tag{2-13}$$

式中：β_1 为阻抗系数；$\beta_1 Z_2$ 为励磁回路与二次电抗控制绕组并联的等效阻抗。

2.4.3 基本型电磁耦合滤波电抗器的调节阻抗

电抗变换器的二次电抗控制绕组的输出端（a_2-x）既不开路也不短路，电力电子阻抗变换器的晶闸管工作在"截止与全导通"之间，$\dot{U}_2 \neq 0$，$\dot{I}_2 \neq 0$，称为基本型电磁耦合滤波电抗器的"调节"状态。基本型电磁耦合滤波电抗器调节状态等效电路如图 2-7 所示。

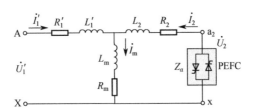

图 2-7 基本型电磁耦合滤波电抗器调节状态等效电路

图 2-7 中，Z_a 为 PEIC 的等效阻抗，将电路参数折算到一次电抗绕组，一次

电抗绕组等效阻抗（电感 L_{11}）为

$$Z_{11} = \frac{\dot{U}_1'}{\dot{I}_1'} = Z_1' + \frac{Z_m + Z_2 + Z_\alpha}{Z_m(Z_2 + Z_\alpha)} = \frac{Z_1}{k^2} + \sigma_1 Z_2' \tag{2-14}$$

式中：σ_1 为阻抗系数；Z_2' 为晶闸管触发角为 α 时二次电抗控制绕组在调节状态下的等效阻抗；$\sigma_1 Z_2'$ 表示二次电抗控制绕组与电力电子阻抗变换器串联后，再与励磁回路并联的等效阻抗。

2.5 基本型电磁耦合滤波电抗器的阻抗特性

设电力电子阻抗变换器两端电压为

$$u_2 = \sqrt{2} U_2 \sin \omega t \tag{2-15}$$

在调节状态下，二次电抗控制绕组电流波形正负半波对称，由傅里叶变换公式可得到二次电抗控制绕组电流为

$$i_2(\omega t) = \sum_{n=1,3,5}^{\infty} (a_n \cos n\omega t + b_n \sin n\omega t) \tag{2-16}$$

式中：系数为

$$\begin{cases} a_1 = \frac{2}{\pi}\int_\alpha^\pi i_2(\omega t)\cdot \cos\omega t d(\omega t) = \frac{\sqrt{2}U_2}{2\pi Z_2'}(\cos 2\alpha - 1) \\ a_3 = \frac{\sqrt{2}U_2}{\pi Z_2'}\left[\frac{1}{4}\cos 4\alpha - \frac{1}{2}\cos 2\alpha + \frac{1}{2}\right] \end{cases} \tag{2-17}$$

$$\begin{cases} b_1 = \frac{2}{\pi}\int_\alpha^\pi i_2(\omega t)\cdot \sin\omega t d(\omega t) = \frac{\sqrt{2}U_2}{2\pi Z_2'}[\sin 2\alpha + 2(\pi - \alpha)] \\ b_3 = \frac{\sqrt{2}U_2}{2\pi Z_2'}\left[\frac{1}{4}\sin 4\alpha - \frac{1}{2}\sin 2\alpha\right] \end{cases} \tag{2-18}$$

在式（2-17）和式（2-18）中，由于 $a_1 \gg a_3$，$b_1 \gg b_3$，故可忽略 a_3 和 b_3。同理，可忽略 a_5，a_7,…,∞ 和 b_5，b_7, …, ∞，则式（2-16）可简化为

$$i_2(\omega t) \approx a_1 \cos\omega t + b_1 \sin\omega t \tag{2-19}$$

式中：i_2 的有效值为

$$I_2 = \frac{1}{\sqrt{2}}\sqrt{a_1^2 + b_1^2} \approx \frac{U_2}{\pi Z_2'}\sqrt{\sin^2\alpha + (\pi - \alpha)\sin 2\alpha + (\pi - \alpha)^2} \tag{2-20}$$

由式（2-20）可得

$$Z_\alpha = \frac{U_2}{I_2} = \frac{\pi Z_2'}{\sqrt{\sin^2\alpha + (\pi - \alpha)\sin 2\alpha + (\pi - \alpha)^2}} = f_m Z_2' \tag{2-21}$$

式中：f_m 是 Z_α 与 Z_2' 的关系系数，其值为

$$f_m = \frac{\pi}{\sqrt{\sin^2\alpha + (\pi-\alpha)\sin 2\alpha + (\pi-\alpha)^2}} \qquad (2-22)$$

根据式（2-22），可得到系数 f_m 随晶闸管触发角 α 的变化曲线，如图 2-8 所示。

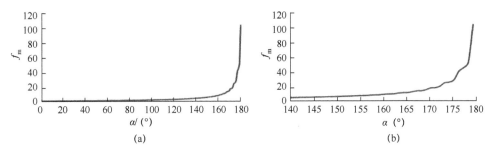

图 2-8 f_m 随晶闸管触发角 α 的变化曲线

(a) 0°~180°；(b) 140°~180°。

由式（2-12）~式（2-14）、式（2-21）和图 2-8，可得出电磁耦合滤波电抗器的阻抗变换特性：

（1）基本型电磁耦合滤波电抗器相当于一个电感量连续可调的电抗器；

（2）基本型电磁耦合滤波电抗器的阻抗变化范围为 $Z_{11\min} \leqslant Z_{11} \leqslant Z_{11\max}$；

（3）只要改变 PEIC 中晶闸管触发角 α，通过调节 Z_α（式（2-21））来调节 Z_{11}（式（2-14）），也就调节了电感 L_{11}，电感量变化范围为 $L_{11\min} \leqslant L_{11} \leqslant L_{11\max}$。

2.6 大功率电磁耦合滤波电抗器阻抗变换数学模型

由大功率电磁耦合滤波电抗器结构（图 2-4），可以得到大功率电磁耦合滤波电抗器等效电路图，如图 2-9 所示。

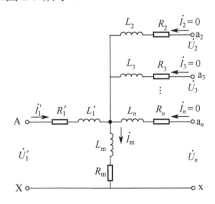

图 2-9 大功率电磁耦合滤波电抗器等效电路图

图 2-9 中，R_1' 为折算到一次电抗绕组的等效电阻值，$R_2, R_3, \cdots, R_n$ 分别为 $n-1$ 个二次电抗控制绕组 $W_2 \sim W_n$ 的等效电阻值；L_1' 为折算到一次电抗绕组 W_1 的等效电感，$L_2, L_3, \cdots, L_n$ 分别为 $n-1$ 个二次电抗控制绕组 $W_2 \sim W_n$ 的自感。

将图 2-9 中所有二次电抗控制绕组 $W_2 \sim W_n$ 折算到一次电抗绕组 W_1，可以得到电压方程式：

$$\begin{cases} \dot{U}_1 = \dot{I}_1' R_1' + \mathrm{j}\omega(L_1'\dot{I}_1' + M_{12}\dot{I}_2 + M_{13}\dot{I}_3 + \cdots + M_{1n-1}\dot{I}_{n-1} + M_{1n}\dot{I}_n) \\ \dot{U}_2 = \dot{I}_2 R_2 + \mathrm{j}\omega(L_2\dot{I}_2 + M_{21}\dot{I}_1 + M_{23}\dot{I}_3 + \cdots + M_{2n-1}\dot{I}_{n-1} + M_{2n}\dot{I}_n) \\ \vdots \\ \dot{U}_n = \dot{I}_n R_n + \mathrm{j}\omega(L_n\dot{I}_n + M_{n1}\dot{I}_1 + M_{n3}\dot{I}_3 + \cdots + M_{nn-1}\dot{I}_{n-1} + M_{nn}\dot{I}_n) \end{cases} \quad (2\text{-}23)$$

式中：M_{xy} 为第 x 绕组与第 y 绕组的互感。

多绕组等效自感可以写为

$$L_i = L_\mathrm{m} + L_{\delta i} + \sum_{\substack{x=1 \\ x \neq i}}^{n} L_{\delta i x} \quad (2\text{-}24)$$

式中：L_m 为绕组励磁自感；$L_{\delta i}$ 为自漏感；$L_{\delta i x}$ 互漏感。

M_{ij} 互感为

$$M_{ij} = L_\mathrm{m} + L_{\delta ij} \quad (2\text{-}25)$$

图 2-9 中，如果忽略励磁电流 $\dot{I}_\mathrm{m}$，则可以得到

$$\dot{I}_1 + \dot{I}_2 + \dot{I}_3 + \cdots + \dot{I}_n = 0 \quad (2\text{-}26)$$

设 $\dot{U}_s$ 和 $\dot{I}_s$ 分别表示第 s 个绕组与其他绕组的电压和电流差值矩阵，其值为

$$\dot{U}_s = [\dot{U}_1' - \dot{U}_s, \dot{U}_2 - \dot{U}_s, \dot{U}_3 - \dot{U}_s, \cdots, \dot{U}_{n-1} - \dot{U}_s, \dot{U}_n - \dot{U}_s] \quad (2\text{-}27)$$

$$\dot{I}_s = [\dot{I}_1' - \dot{I}_s, \dot{I}_2 - \dot{I}_s, \dot{I}_3 - \dot{I}_s, \cdots, \dot{I}_{n-1} - \dot{I}_s, \dot{I}_n - \dot{I}_s] \quad (2\text{-}28)$$

令 $\dot{U}_s = \mathbf{Z}_s \dot{I}_s$，由此可以得到阻抗矩阵为

$$\mathbf{Z}_s = \begin{bmatrix} Z_{s11} & Z_{s12} & \cdots & Z_{s1n} & \cdots & Z_{s1N} \\ Z_{s21} & Z_{s22} & \cdots & Z_{s2n} & \cdots & Z_{s2N} \\ \vdots & \vdots & & \vdots & & \vdots \\ Z_{sn1} & Z_{sn2} & \cdots & Z_{snn} & \cdots & Z_{snN} \\ \vdots & \vdots & & \vdots & & \vdots \\ Z_{sN1} & Z_{sN2} & \cdots & Z_{sNn} & \cdots & Z_{sNN} \end{bmatrix} \quad (2\text{-}29)$$

式中：$s=1,2,3,\cdots,N$；$n=1,2,3,\cdots,N$；$m=1,2,3,\cdots,N$；$m \neq n$，$n \neq s$。

Z_{smn} 可表示为

$$Z_{smn} = \frac{1}{2}(Z_{s-m} + Z_{s-n} + Z_{m-n}) = \frac{1}{2}(R_{s-m} + R_{s-n} - R_{m-n}) + \frac{1}{2}j(X_{s-m} + X_{s-n} - X_{m-n})$$

(2-30)

式中：R_{s-m} 与 X_{s-m} 分别代表绕组间相互电阻和短路感抗：

$$Z_{s-m} = R_{s-m} + jX_{s-m} \tag{2-31}$$

$$R_{s-m} = R_s + R_m \tag{2-32}$$

$$X_{s-m} = \omega(L_s + L_m - 2M_{sm}) \tag{2-33}$$

将式（2-31）～式（2-33）代入式（2-30），可以得到

$$Z_{smn} = R_s + j\omega(L_s - M_{sm} - M_{sn} + M_{mn}) \tag{2-34}$$

对式（2-29）求相互导纳关系矩阵，可以得到

$$\boldsymbol{I}_s = \boldsymbol{Z}_s^{-1}\boldsymbol{U}_s = \boldsymbol{Y}_s\boldsymbol{U}_s = \begin{bmatrix} y_{s11} & y_{s12} & \cdots & y_{s1n} & \cdots & y_{s1N} \\ y_{s21} & y_{s22} & \cdots & y_{s2n} & \cdots & y_{s2N} \\ \vdots & \vdots & & \vdots & & \vdots \\ y_{sn1} & y_{sn2} & \cdots & y_{snn} & \cdots & y_{snN} \\ \vdots & \vdots & & \vdots & & \vdots \\ y_{sN1} & y_{sN2} & \cdots & y_{sNn} & \cdots & y_{sNN} \end{bmatrix}\boldsymbol{U}_s \tag{2-35}$$

大功率电抗变换器的第 s 绕组电流为

$$\dot{I}_s = -\sum_{\substack{j=1 \\ j\neq s}}^{N}\dot{I}_j = -\sum_{\substack{j=1 \\ j\neq s}}^{N}(\dot{U}_j - \dot{U}_s)Y_{kj} = \dot{U}_s Y_{ss} + \sum_{\substack{j=1 \\ j\neq s}}^{N}\dot{U}_s Y_{sj} = \sum_{j=1}^{N}\dot{U}_s Y_{sj} \tag{2-36}$$

其中

$$\begin{cases} Y_{sn} = \sum_{m=1}^{N-1} y_{snm}, & n \neq s \\ Y_{ss} = -\sum_{n=1}^{N} Y_{sn} \end{cases} \tag{2-37}$$

由式（2-35）可以得到

$$\dot{\boldsymbol{I}}_n = \boldsymbol{Y}_n \dot{\boldsymbol{U}}_n \tag{2-38}$$

其中

$$\dot{\boldsymbol{I}}_n = [\dot{I}_1, \dot{I}_2, \cdots, \dot{I}_{n-1}, \cdots, \dot{I}_N]^T \tag{2-39}$$

$$\dot{\boldsymbol{U}}_n = [\dot{U}_1, \dot{U}_2, \cdots, \dot{U}_{n-1}, \cdots, \dot{U}_N]^T \tag{2-40}$$

$$\boldsymbol{Y}_n = \begin{bmatrix} Y_{11} & Y_{12} & \cdots & Y_{1n} & \cdots & Y_{1N} \\ Y_{21} & Y_{22} & \cdots & Y_{2n} & \cdots & Y_{2N} \\ \vdots & \vdots & & \vdots & & \vdots \\ Y_{n1} & Y_{n2} & \cdots & Y_{nn} & \cdots & Y_{nN} \\ \vdots & \vdots & & \vdots & & \vdots \\ Y_{N1} & Y_{N2} & \cdots & Y_{Nn} & \cdots & Y_{NN} \end{bmatrix} \quad (2\text{-}41)$$

式（2-41）为导纳矩阵。

根据式（2-37）和式（2-41）可以得出

$$\boldsymbol{Y}_n = \begin{bmatrix} Y_{11} & \dfrac{\mathrm{j}}{\omega L_{\sigma 2}} & \cdots & \dfrac{\mathrm{j}}{\omega L_{\sigma m}} & \cdots & \dfrac{\mathrm{j}}{\omega L_{\sigma N}} \\ \vdots & \vdots & & \vdots & & \vdots \\ \dfrac{\mathrm{j}}{\omega L_{\sigma m}} & 0 & \cdots & -\dfrac{\mathrm{j}}{\omega L_{\sigma m}} & \cdots & 0 \\ \vdots & & & & & \vdots \\ \dfrac{\mathrm{j}}{\omega L_{\sigma N}} & 0 & \cdots & 0 & \cdots & \dfrac{\mathrm{j}}{\omega L_{\sigma N}} \end{bmatrix} \quad (2\text{-}42)$$

式中：$m = 2, 3, \cdots, N$；Y_{11} 可表示为

$$Y_{11} = -\sum_{m=2}^{N} \frac{\mathrm{j}}{L_{\sigma m}} \quad (2\text{-}43)$$

式（2-43）揭示了大功率电抗变换器一次电抗绕组和二次电抗控制绕组间的导纳关系。

2.7 大功率电磁耦合滤波电抗器的阻抗特性

大功率电磁耦合滤波电抗器阻抗变换由 $n-1$ 个二次电抗控制绕组和电力电子阻抗变换器实现。由图 2-4 所示的大功率电磁耦合滤波电抗器有"开路""短路"和"调节"3 种工作状态，分析得到大功率电磁耦合滤波电抗器的最大阻抗、最小阻抗和调节阻抗。

2.7.1 大功率电磁耦合滤波电抗器的最大阻抗

由大功率电磁耦合滤波电抗器开路状态等效电路（图 2-9）可知，当大功率电抗变换器的二次电抗控制绕组输出端 a_j-x($j = 2, 3, \cdots, n$) 端均处于开路状态时，$n-1$ 个二次电抗控制绕组的电流之和为 0，称为大功率电磁耦合滤波电抗器的"开路"状态。此时，$\dot{I}_\mathrm{m} = k\dot{I}_1$，一次绕组的阻抗（电感量）最大。将等效电路参数折算到一次电抗绕组，其阻抗（电感量）也最大（与式（2-12）相同）。

2.7.2 大功率电磁耦合滤波电抗器的最小阻抗

大功率电抗变换器的二次电抗控制绕组输出端 a_j-x($j=2, 3, \cdots, n$) 均处于短路状态时，其 $n-1$ 个二次电抗控制绕组的电压等于 0，称为大功率电磁耦合滤波电抗器的"短路"状态。大功率电磁耦合滤波电抗器短路状态等效电路图如图 2-10 所示。

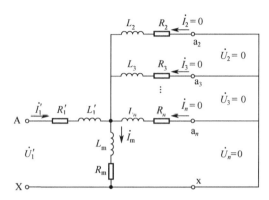

图 2-10　大功率电磁耦合滤波电抗器短路状态等效电路图

将等效电路参数折算到一次电抗绕组，其阻抗（电感量）也最小，即

$$Z_{G11\min} = \dot{U}_1'/\dot{I}_1' = Z_1' + Z_m // Z_{2\alpha} // Z_{3\alpha} // \cdots // Z_{n\alpha} = Z_1/k^2 + \beta_2 Z_2' \tag{2-44}$$

式中：β_2 为阻抗系数；$\beta_2 Z_2'$ 为励磁回路与所有二次电抗控制绕组并联的等效阻抗。

2.7.3 大功率电磁耦合滤波电抗器的调节阻抗

大功率电抗变换器的所有二次电抗控制绕组既不短路又不开路，晶闸管工作在"截止与全导通"状态之间时，二次电抗控制绕组输出端 a_j-x($j=2, 3, \cdots, n$) 端电压和电流均不为零，称之为大功率电磁耦合滤波电抗器的"调节"状态。大功率电磁耦合滤波电抗器调节状态等效电路图如图 2-11 所示。

图 2-11 中，$Z_{j\alpha}(j=2, 3, \cdots, n)$ 为 $PEIC_j$ 的阻抗，此时有

$$Z_{G11} = \frac{\dot{U}_1'}{\dot{I}_1'} = Z_1' + Z_m // Z_{2\alpha} // Z_{3\alpha} // \cdots // Z_{n\alpha} = Z_1/k^2 + \sigma_2 Z_2' \tag{2-45}$$

式中：σ_2 为阻抗系数；$\sigma_2 Z_2'$ 表示所有大功率二次电抗控制绕组与各自 PEIC 串联后，再与励磁回路并联的等效阻抗。

综上所述，大功率磁耦合滤波电抗器也相当于一个电感量连续可调的电抗器，其电感量为 L_{11}，阻抗为 Z_{11}；阻抗变化范围为：$Z_{G11\min} \leqslant Z_{G11} \leqslant Z_{11\max}$。只要改变了 $Z_{2\alpha} \sim Z_{n\alpha}$，就可以改变 Z_{11}，从而改变 L_{11}，最终实现电磁耦合滤波电抗器的阻抗变换和电感量连续可调。

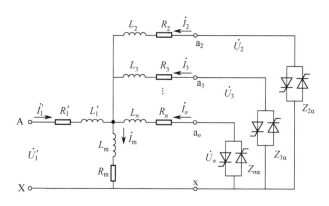

图 2-11 大功率电磁耦合滤波电抗器调节状态等效电路图

2.8 电磁耦合滤波电抗器的等效谐波阻抗

建立电磁耦合滤波电抗器的谐波抑制数学模型,揭示等效谐波阻抗关系。

2.8.1 基本型电磁耦合滤波电抗器的等效谐波阻抗

将图 2-3 的结构进行简化,可得到基本型电磁耦合滤波电抗器的简化等效电路,如图 2-12 所示。

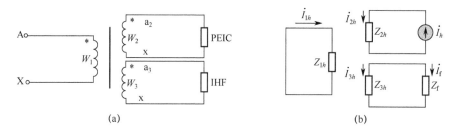

图 2-12 基本型电磁耦合滤波电抗器简化等效电路
(a) 简化等效电路; (b) 谐波等效模型。

图 2-12 (a) 中,电力电子阻抗变换器产生的谐波电流以电流源 $\dot{I}_h = \dot{I}_{2h}$ 代替。设 $\dot{I}_{1h}$ 和 $\dot{I}_{3h}$ 分别表示 $\dot{I}_h$ 通过二次滤波绕组与一次电抗绕组、二次滤波绕组的耦合而产生的谐波电流; $\dot{I}_f$ 和 Z_f 分别表示本体滤波器吸收的谐波电流和等效阻抗; 设 W_1、W_2 和 W_3 分别表示一次电抗绕组、二次电抗控制绕组和二次滤波绕组的匝数; 设 Z_{1h}、Z_{2h} 和 Z_{3h} 分别表示一次电抗绕组、二次电抗控制绕组和二次滤波绕组的等效谐波阻抗,则得到与图 2-12 (a) 对应的谐波等效模型,如图 2-12 (b) 所示。

根据电机学理论分析,由图 2-12 (b) 可以得到一次电抗绕组、二次电抗控制

绕组和二次滤波绕组的等效谐波阻抗关系为

$$\begin{cases} Z_{1h} = (Z_{13h} + Z_{12h} - Z'_{32h})/2 \\ Z_{2h} = (Z_{21h} + Z_{23h} - Z'_{13h})/2 \\ Z_{3h} = (Z_{31h} + Z_{32h} - Z'_{12h})/2 \end{cases} \quad (2\text{-}46)$$

式（2-46）揭示了基本型电磁耦合滤波电抗器的等效谐波阻抗。电抗绕组间的等效谐波阻抗关系如表 2-1 所列。

表 2-1 等效谐波阻抗关系

序 号	位 置	等效谐波阻抗
1	一次电抗绕组与二次滤波绕组	$Z_{13h}=Z_{31h}=Z'_{13h}$
2	一次电抗绕组与二次电抗控制绕组	$Z_{12h}=Z_{21h}$
3	二次滤波绕组与二次电抗控制绕组	$Z_{32h}=Z_{23h}=Z'_{32h}$

2.8.2 大功率电磁耦合滤波电抗器的等效谐波阻抗

将大功率电磁耦合滤波电抗器结构（图 2-4）进行变换，可等效为图 2-13（a）所示电路。设大功率电磁耦合滤波电抗器 $n-1$ 个二次电抗控制绕组 a_2-x ~ a_n-x 的等效谐波阻抗分别为 Z_{2h}、Z_{3h}、…、Z_{nh}，二次滤波绕组 a_{n+1}-x 的等效谐波阻抗为 $Z_{(n+1)h}$，IHF 的谐波阻抗为 Z_f。根据图 2-13（a），可以得到图 2-13（b）所示的谐波等效模型。

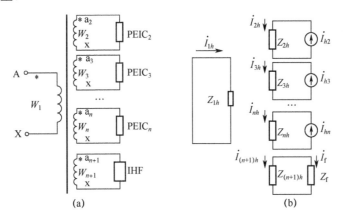

图 2-13 大功率电磁耦合滤波电抗器简化等效电路与谐波等效模型
（a）简化等效电路；（b）谐波等效模型。

图 2-13（b）中，$\dot{I}_{h2}$、$\dot{I}_{h3}$、…、$\dot{I}_{hn}$ 分别为 $PEIC_2$、$PEIC_3$、…、$PEIC_n$ 产生的谐波电流，$\dot{I}_{2h}$、$\dot{I}_{3h}$、…、$\dot{I}_{nh}$ 分别为通过二次电抗控制绕组 a_2-x ~ a_n-x 与一次电抗绕组 A-X 和二次滤波绕组 a_{n+1}-x 的耦合而产生的谐波电流，$\dot{I}_f$ 是本体滤波器

（IHF）吸收的谐波电流。

由图 2-13（b）可以得到一次电抗绕组和二次电抗控制绕组的等效谐波阻抗：

$$\begin{cases} Z_{1h} = [Z_{12h} + Z_{13h} - Z_{23h}^{(1)}]/2 \\ Z_{2h} = [Z_{21h} + Z_{23h}^{(1)} - Z_{13h}^{(2)}]/2 \\ Z_{3h} = [Z_{31h} + Z_{33h} - Z_{12h}^{(3)}]/2 \\ \vdots \\ Z_{nh} = [Z_{n1h} + Z_{n3h} - Z_{1nh}^{(n)}]/2 \end{cases} \quad (2\text{-}47)$$

式（2-47）揭示了大功率电磁耦合滤波电抗器的等效谐波阻抗关系。

2.9 基本型电磁耦合滤波电抗器的滤波抑制特性

由图 2-13（b）可得到基本型电磁耦合滤波电抗器等效谐波电路，如图 2-14 所示。

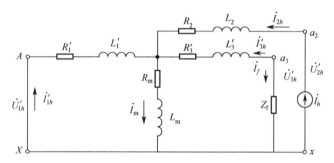

图 2-14 基本型电磁耦合滤波电抗器谐波等效电路

由图 2-14，采用 4.2.1 节中介绍的分析方法，可以得到一次电抗绕组的等效谐波电流与电力电子阻抗变换器产生的谐波电流（谐波源）关系式：

$$\dot{I}_{1h} = -\frac{W_1 W_2 (Z_{3h} + Z_f)}{W_1^2 (Z_{3h} + Z_f) + W_2^2 Z_{1h}} \dot{I}_h \quad (2\text{-}48)$$

式中："-"号表示 $\dot{I}_{1h}$ 与 $\dot{I}_h$ 的方向相反。

由式（2-48）可得谐波影响系数 K_h，即

$$K_h = \frac{-\dot{I}_{1h}}{\dot{I}_h} = \frac{W_1 W_2 (Z_{3h} + Z_f)}{W_1^2 (Z_{3h} + Z_f) + W_2^2 Z_{1h}} \quad (2\text{-}49)$$

式（2-49）揭示了电力电子阻抗变换器产生的谐波电流（谐波源）对电抗变换器一次电抗绕组的谐波影响大小与 K_h 的关系，具体如下。

（1）当 $K_h=0$ 时，$I_{1h}=0$，此时说明 IHF 谐波抑制效果最好，电力电子阻抗变换器产生的谐波电流对电抗变换器一次电抗没有影响。

（2）当 $0<K_h<1$ 时：K_h 越小，电力电子阻抗变换器产生的谐波电流对电抗变换器一次电抗影响越小，反之影响越大。

（3）当 $K_h=1$ 时，$I_{1h}=I_h$，此时，相当于无本体滤波器，电力电子阻抗变换器产生的谐波电流对电抗变换器一次电抗影响最大。

综上所述，只要使二次滤波绕组的等效谐波阻抗 Z_{3h} 与滤波阻抗 Z_f 之和为 0，即 $I_{1h}=0$，本体滤波器就能完全吸收电力电子阻抗变换器产生的谐波电流。

按式（2-49）构建了基本型电磁耦合滤波电抗器谐波抑制仿真模型，如图 2-15 所示。

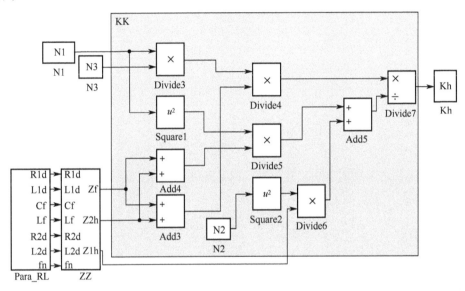

图 2-15 基本型电磁耦合滤波电抗器谐波抑制仿真模型

以滤除 5 次特性谐波电流为研究对象，IHF 采用 L_fC_f 无源滤波器。仿真分析滤波抑制特性，得到谐波影响系数 K_h 与 $Z_{3h}+Z_f$ 的关系曲线、K_h 与 L_f 的关系曲线，分别如图 2-16 和图 2-17 所示。

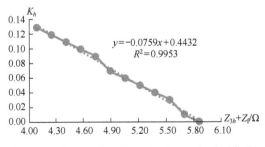

图 2-16 谐波影响系数 K_h 与 $Z_{3h}+Z_f$ 的关系曲线

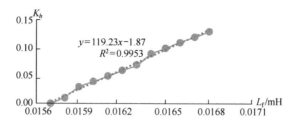

图 2-17 谐波影响系数 K_h 与本体滤波器电感 L_f 的关系曲线

由图 2-16 和图 2-17 可以得出，电力电子阻抗变换器产生的谐波对电抗变换器一次电抗绕组的谐波影响大小与谐波影响系数 K_h 有关，而 K_h 随 $Z_{3h}+Z_f$ 的增加呈线性减少趋势，K_h 随 L_f 的增加呈线性增加趋势，其关系曲线斜率由本体滤波器参数确定。

第 3 章　电抗变换器工艺参数优化设计方法

电抗变换器是动态调谐滤波器的关键部件，由于加工制造缺乏技术标准和规范，同一技术指标不同厂家加工出来的参数存在差异，严重影响调谐性能和滤波效果，迫切需要根据电抗变换器的制造工艺和加工需要，在生产工艺上进行创新，有效解决生产应用的标准问题和加工制造存在的困难。

本章根据电抗变换器的工艺结构和技术指标，归纳确定工艺参数；分析工艺参数设计步骤，提出工艺参数计算方法；开发工艺参数设计仿真系统，并以实例进行优化设计，形成一套具有可操作性和工程实用性的工艺参数设计方案。

研究成果将各种参数，包括尺寸、结构进行规范化、标准化，为电抗变换器的制造提供工艺参数加工依据，具有可操作性和工程应用价值。

3.1　工艺参数

U、V、W 三绕组铁芯固定装在底板上，同时对应套有 U、V、W 绕组，三绕组的结构与接法完全一样。电抗变换器的铁芯和绕组套装后示意图如图 3-1 所示。

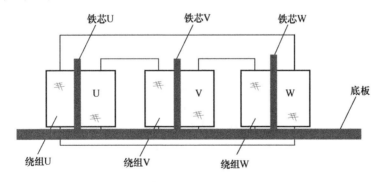

图 3-1　电抗变换器的铁芯和绕组套装后示意图

一次电抗绕组和二次电抗控制绕组端头均引出接线端头，接线端头包覆有绝缘层，共铁轭。电抗变换器的安装参数示意图如图 3-2 所示。

图 3-2 中，D 和 r_0 分别为铁芯的直径和中心柱绝缘半径；ρ_x 为相间空隙；H_w 为铁芯窗高；D_{12} 为电抗绕组直径；H_{xqs} 为绕组高度，由一次电抗绕组高度 H_{xqs1} 和二次电抗控制绕组高度 H_{xqs2} 的最大值确定；L_{sxjy} 为上、下绝缘距离标准。

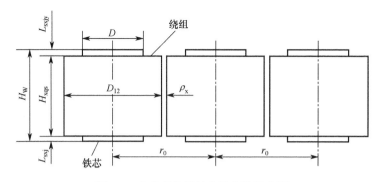

图 3-2 电抗变换器的安装参数示意图

一次电抗绕组和二次电抗控制绕组的幅向尺寸示意如图 3-3 所示。

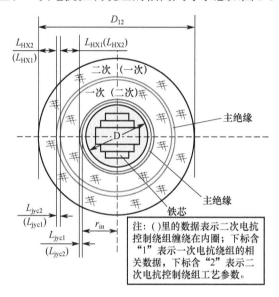

注：( )里的数据表示二次电抗控制绕组缠绕在内圈；下标含"1"表示一次电抗绕组的相关数据，下标含"2"表示二次电抗控制绕组工艺参数。

图 3-3 一次电抗绕组和二次电抗控制绕组的幅向尺寸示意

图 3-3 中，L_{HX1} 和 L_{HX2} 分别为一次电抗绕组幅向尺寸和二次电抗控制绕组幅向尺寸；L_{jyc1} 和 L_{jyc2} 分别为一次主绝缘厚度和二次主绝缘厚度。根据电抗变换器的设计技术指标，以及图 3-2 和图 3-3 所示参数，归纳出制造电抗变换器的工艺参数，主要包括安装参数、一次电抗绕组的工艺参数、二次电抗控制绕组的工艺参数和重量等。

1. 电抗变换器的设计技术指标

额定容量 S_N(kVA)、谐波频率 f_h(Hz)、一次电感量下限 L_{n11}(mH)、一次电感量上限 L_{n12}(mH)、一次电抗绕组额定相电流 I_{Ln1}(A) 和匝数比 k。

2. 电抗变换器的安装工艺参数

电抗变换器类型（干式或油浸式）、铁芯直径 D、内绕组半径 r_{in}、中心柱绝缘

半径 r_0、缠绕方式（一次电抗绕组在内圈或二次电抗控制绕组在内圈）、绕线方式（单线缠绕或双线并绕）、绕组高度 H_{xqs}、铁芯窗高 H_W、相间空隙 ρ_x 和电抗绕组直径 D_{12}。

3. 一次电抗绕组的工艺参数

缠绕层数 δ_1、主绝缘厚度 L_{jyc1}、幅向尺寸 L_{HX1}、绕组高度 H_{xqs1}、绕组导线型号规格、匝数 W_1、长 L_1 和铜重量 G_1。

4. 二次电抗控制绕组的工艺参数

缠绕层数 δ_2、主绝缘厚度 L_{jyc2}、幅向尺寸 L_{HX2}、绕组高度 H_{xqs2}、绕组导线型号规格、匝数 W_2、长 L_2 和铜重量 G_2。

5. 电抗变换器重量

电抗变换器的总重量 G_z 由一次电抗绕组铜重量 G_1、二次电抗控制绕组铜重量 G_2 和铁芯重量构成。

3.2 工艺参数设计步骤

1. 铁芯直径与绕组匝数计算

首先，根据电抗变换器的额定容量 S_N 计算铁芯直径 D；其次，计算铁芯截面积 S 和匝电势 e_{F0}；最后，根据一次电抗绕组相电压 U_{L1} 和匝电势 e_{F0}，得到一次电抗绕组匝数 W_1，二次电抗控制绕组匝数 W_2 和匝数比。

2. 绕组高度与铁芯窗高计算

首先，确定电抗变换器类型（干式或油浸式）、绕线方式（单导线缠绕或双导线并绕）和电抗绕组所用扁铜线规格尺寸；其次，根据所选带绝缘扁铜线宽度 X_{H12}（X_{H22}）、匝数 k 和层数 δ_1（δ_2），计算一次电抗绕组高度 H_{xqs1} 和二次电抗控制绕组高度 H_{xqs2}，其最大值为绕组高度 H_{xqs}；最后，根据 H_{xqs1} 和 H_{xqs2} 确定缠绕方式，考虑上下绝缘距离要求，确定铁芯窗高 H_w 和一次电抗绕组（二次电抗控制绕组）上绝缘距离 L_{u1}（L_{u2}）和下绝缘距离 L_{d1}（L_{d2}）。

3. 电抗绕组长度计算

首先，根据铁芯直径 D，确定内绕组半径 r_{in}；其次，根据缠绕方式，分别计算一次电抗绕组（二次电抗控制绕组）幅向尺寸 L_{H1}（L_{H2}）；最后，计算一次电抗绕组（二次电抗控制绕组）长度 L_1（L_2）。

4. 绕组直径与铁芯中心柱绝缘半径计算

根据图 3-3 可知，电抗绕组直径 D_{12} 由内绕组半径 r_{in}、一次电抗绕组幅向尺寸 L_{HX1}、二次电抗控制绕组幅向尺寸 L_{HX2}、一次主绝缘厚度 L_{jyc1} 和二次主绝缘厚度 L_{jyc2} 确定，考虑相间空隙，确定铁芯中心柱绝缘半径 r_0。

5. 电抗变换器重量计算

首先，根据一次电抗绕组（二次电抗控制绕组）长度 L_1（L_2）和导线截面积 S_1（S_2），计算三相一次电抗绕组（二次电抗控制绕组）铜重量 G_1（G_2）；其次，计算角重量 G_j、上下轭重量 G_e 和芯柱重量 G_x 之和得到铁芯总重量 G_{xz}；最后，根据一次电抗绕组重量 G_1、二次电抗控制绕组重量 G_2 和铁芯重量 G_{xz}，得到电抗变换器总重量 G_z。

3.3 铁芯直径与绕组匝数计算方法

根据电抗变换器额定容量 S_N (kVA) 计算铁芯直径，在计算铁芯截面积和匝电势的基础上，根据一次电抗绕组相电压和匝数比，求取一次电抗绕组和二次电抗控制绕组匝数，并确定一次电抗绕组和二次电抗控制绕组的拟缠绕层数。

1. 铁芯直径

根据电抗变换器额定容量，考虑绕组间耦合作用以及经验系数，铁芯直径（mm）计算如下：

$$D = k_{sj} k_D \sqrt[4]{S_N/Z} \qquad (3-1)$$

式中：Z 为装有线圈的铁芯柱数，三相取为 3；k_D 是铁芯直径经验系数，轧钢片、铜导线取值 53～58，铝导线取值 50～54；k_{sj} 是考虑绕组间耦合作用时的调节系数，一般取 1.2。

2. 铁芯截面积和匝电势

根据铁芯直径 D 的大小，考虑叠片工艺和毛截面的影响，铁芯截面积（cm²）计算如下：

$$S = \pi(D/2)^2 \times \alpha_1 \times \alpha_2 / 100 \qquad (3-2)$$

式中：α_1 和 α_2 分别为叠片工艺系数和毛截面系数。α_1 取值范围为 0.93～0.98（一般取 0.95），α_2 取值为 0.91。

匝电势（V/匝）计算如下：

$$e_{F0} = \frac{4.44 f \beta_0 S}{10^5} \qquad (3-3)$$

式中：f 为交流电频率（Hz）；S 为铁芯导线截面积（cm²）β_0 为磁通密度（磁感应强度最大值，kGs），一般为 13～18kGs。

3. 一次电抗绕组相电压和匝数

根据一次电抗绕组的额定相电流 I_{Ln1}、一次电感量下限 L_{n11}(mH)，一次电感量上限 L_{n12}(mH)，一次电抗绕组相电压 U_{L1} 计算如下：

$$\begin{cases} U_{L11} = I_{Ln1} \times (2\pi f_h L_{n11}) \\ U_{L12} = I_{Ln1} \times (2\pi f_h L_{n12}) \\ U_{L1} = \dfrac{U_{L11} + U_{L12}}{2} \end{cases} \quad (3\text{-}4)$$

一次电抗绕组匝数等于一次电抗绕组相电压与匝电势之比，即

$$W_1 = U_{L1}/e_{F0} \quad (3\text{-}5)$$

一次电抗绕组绕层数设为 δ_1，一般为 1，2，3，…，取整。

二次电抗控制绕组匝数为

$$W_2 = kW_1 \quad (3\text{-}6)$$

二次电抗控制绕组的拟绕层数设为 δ_2，一般为 1，2，3，…，取整；k 为一次电抗绕组和二次电抗控制绕组匝数比，一般取 4~6。

3.4 绕组高度与铁芯窗高计算方法

首先，提出选取电抗绕组扁铜线方法，确定电抗变换器绕线方式（单导线缠绕或双导线并绕）和电抗绕组所用扁铜线规格尺寸；然后，提出计算绕组高度计算方法，根据所选带绝缘扁铜线厚度、匝数和层数，计算一次电抗绕组高度和二次电抗控制绕组高度，其最大值为绕组高度；最后，提出铁芯窗高计算方法，根据一次电抗绕组高度和二次电抗控制绕组高度确定缠绕方式，考虑上下绝缘距离要求，确定铁芯窗高及其上绝缘距离和下绝缘距离。

3.4.1 绕组扁铜线选取方法

根据额定相电流和电流密度要求，分别确定一次电抗绕组导线截面积 S_1 和二次电抗控制绕组截面积 S_2；根据导线截面积 S_1 和 S_2，查表 3-1 所示扁铜线 SBZB-0.4 规格尺寸，选取绕线方式（单导线缠绕或双导线并绕）和电抗绕组所用扁铜线规格尺寸。

表 3-1 扁铜线 SBZB-0.4 规格尺寸表

导线编号	裸导线尺寸/mm		带绝缘的导线尺寸/mm		截面积/mm²
	厚 度	宽 度	厚 度	宽 度	
1	1.7	4.5	2.1	5	7.65
2	2.24	6	2.64	6.4	13.44
3	2.8	5	3.25	5	14
4	2.5	7.1	2.9	7.5	17.75
5	2.8	7.5	3.25	7.95	21

（续）

导线编号	裸导线尺寸/mm		带绝缘的导线尺寸/mm		截面积/mm²
	厚度	宽度	厚度	宽度	
6	2.8	8	3.2	8.4	22.4
7	3.75	9	4.15	9.4	33.75
8	3.35	13.2	3.75	13.6	39.2
9	3.35	13.2	3.75	13.6	44.22

1. 绕线方式

电磁耦合滤波电抗器是动态调谐滤波器的核心部件，其中电抗变换器的一次电抗绕组与电容器串接。在动态调谐滤波器投入滤波过程中，电抗变换器产生大量的热量，必须消散，以保持安全运行。目前，工业中使用的电抗变换器有两种类型：干式和油浸式。干式使用空气作为冷却介质；油浸式使用液体冷油作为冷却介质。

虽然干式电抗变换器和油浸式电抗变换器都有相同的最终结果，值得注意的是它们之间存在以下差异。

维护方面：油浸式电抗变换器需要更多的维护程序，必须比干式更频繁地执行。需要对油进行取样以测试污染，而干式电抗变换器对化学污染物具有很强的抵抗力。

成本（初始和运行）方面：油浸式电抗变换器初始成本高，干式运行损耗大；油浸式具有更高的标准能效，比干式使用寿命长。

基于以上原因，根据电抗变换器类型不同，要求电抗变换器一次电抗绕组和二次电抗控制绕组容许的电流密度不同。根据工程经验，电流密度标准取值范围为 $1.5 \sim 2.5\,\text{A/mm}^2$（干式），$3.5 \sim 4.5\,\text{A/mm}^2$（油浸式），是一次电抗绕组和二次电抗控制绕组选择截面积的依据。

根据电流密度标准，确定一次电抗绕组和二次电抗控制绕组导线截面积 S_1 和 S_2 需求值 S_{1YQ} 和 S_{2YQ}，即

$$\begin{cases} S_{1YQ} = I_{L1}/J_{BZ} \\ S_{2YQ} = I_{Ln2}/J_{BZ} = I_{Ln1}/(k \times J_{BZ}) \end{cases} \tag{3-7}$$

式中：I_{Ln1} 和 I_{Ln2} 分别为一次电抗绕组和二次电抗控制绕组额定相电流；J_{BZ} 为电流密度。

考虑初始成本，电抗变换器类型优先选择干式。此时选择电流密度 J_{BZ} 上限值 $2.5\,\text{A/mm}^2$ 代入式（3-7），计算得到满足电流密度上限要求的一次电抗绕组（二次电抗控制绕组）扁铜线截面积 S_{1YQ}（S_{2YQ}），再进行电抗变换器类型选择。

从表 3-1 可以看出，扁铜线 SBZB-0.4 的截面积 S_W 范围为 $7.65 \sim 44.22\,\text{mm}^2$，

设 $S_{wmin} = 7.65 \text{ mm}^2$，$S_{wmax} = 44.22 \text{ mm}^2$。

当 $2S_{wmin} \leq S_{1YQ} \leq 2S_{wmax}$ 或 $2S_{wmin} \leq S_{2YQ} \leq 2S_{wmax}$ 时，选择干式电抗变换器；当 $S_{1YQ} > 2S_{wmax}$ 或 $S_{2YQ} > 2S_{wmax}$ 时，选择油浸式电抗变换器。

一次电抗绕组（二次电抗控制绕组）可以选用"单导线缠绕"或"双导线并绕"进行绕线。根据扁铜线截面积 S_{1YQ}（S_{2YQ}），确定绕线方式。

一次电抗绕组：当 $S_{wmin} \leq S_{1YQ} \leq S_{wmax}$ 时选"单导线缠绕"方式；当 $S_{wmin} \leq 2S_{1YQ} \leq S_{wmax}$ 时选"双导线并绕"方式。

二次电抗控制绕组：当 $S_{wmin} \leq S_{2YQ} \leq S_{wmax}$ 时，选"单导线缠绕"方式，当 $S_{wmin} \leq 2S_{2YQ} \leq S_{wmax}$ 时选"双导线并绕"方式。

2. 电抗绕组所用扁铜线规格

根据选择的电抗变换器类型确定电流密度 J_{SJ}；再根据绕线方式和一次电抗绕组额定电流，确定满足电流密度 J_{SJ} 要求的一次电抗绕组（二次电抗控制绕组）扁铜线截面积 S_{1SJ}（S_{2SJ}），具体如下：

$$S_{1SJ} = \begin{cases} I_{L1}/J_{BZ}, & \text{单导线缠绕} \\ 2I_{L1}/J_{BZ}, & \text{双导线并绕} \end{cases} \quad (3\text{-}8)$$

$$S_{2SJ} = \begin{cases} I_{Ln2}/J_{BZ} = I_{Ln1}/(k \times J_{BZ}), & \text{单导线缠绕} \\ 2I_{Ln2}/J_{BZ} = 2I_{Ln1}/(k \times J_{BZ}), & \text{双导线并绕} \end{cases} \quad (3\text{-}9)$$

查表 3-1，选取满足截面积等于或大于式（3-8）S_{1SJ} 的扁铜线编号，其对应的截面积为一次电抗绕组的扁铜线截面积，记为 S_1，扁铜线的裸线厚度和宽度分别用 X_{B11} 和 X_{H11} 表示，带绝缘扁铜线的厚度和宽度分别用 X_{B12} 和 X_{H12} 表示。

同理，选取二次电抗控制绕组的导线规格尺寸，截面积记为 S_2，扁铜线裸线的厚度和宽度分别用 X_{B21} 和 X_{H21} 表示，带绝缘扁铜线的厚度和宽度分别用 X_{B22} 和 X_{H22} 表示。

实际电流密度为

$$\begin{cases} J_1 = I_{L1}/S_1 \\ J_2 = I_{Ln2}/S_2 = I_{Ln1}/(k \times S_2) \end{cases} \quad (3\text{-}10)$$

式（3-10）用于验证所选的扁铜线是否满足电流密度标准要求。

3.4.2 电抗绕组高度计算方法

根据一次电抗绕组高度 H_{xqs1} 和二次电抗控制绕组高度 H_{xqs2}，考虑缠绕线圈裕度，确定电抗绕组高度 H_{xqs}。

一次电抗绕组高度为

$$H_{xqs1} = (W_1/\delta_1 + 1) \times X_{H12} + \rho_{cr1} \quad (3\text{-}11)$$

式中：ρ_{cr1} 为一次电抗绕组高缠绕线圈裕度，取 9～15mm。

二次电抗控制绕组高度为

$$H_{xqs2} = (W_2/\delta_2 + 1) \times X_{H22} + \rho_{cr2} \quad (3\text{-}12)$$

式中：ρ_{cr2} 为二次电抗控制绕组高缠绕线圈裕度，取 9～15mm。

根据式（3-11）和式（3-12）计算结果绕组高度 H_{xqs1} 和 H_{xqs2}，电抗绕组高度 H_{xqs} 取其最大值。

3.4.3 铁芯窗高计算方法

铁芯窗高应同时满足电抗变换器的一次电抗绕组和二次电抗控制绕组对铁芯窗高的需要。因此，铁芯窗高由电抗绕组高度 H_{xqs} 与上下绝缘距离标准 L_{sxjy}（一般取值范围为 10～30mm）之和确定，具体如下：当一次电抗绕组高度 H_{xqs1} 大于二次电抗控制绕组高度 H_{xqs2} 时，在铁芯柱上先缠绕一次电抗绕组，再缠绕二次电抗控制绕组，记为"缠绕方式Ⅰ（一次电抗绕组在内圈）"。

铁芯窗高与绕组缠绕示意图（$H_{xqs1} > H_{xqs2}$）如图 3-4 所示。

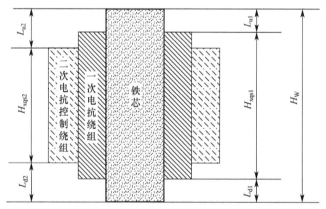

图 3-4 铁芯窗高与绕组缠绕示意图（$H_{xqs1} > H_{xqs2}$）

由图 3-4 可知，一次电抗绕组高度 H_{xqs1} 就是绕组高度 H_{xqs}，上绝缘距离 L_{u1} 和下绝缘距离 L_{d1} 等于上下绝缘距离标准 L_{sxjy}。

以满足一次电抗绕组高度 H_{xqs1} 为基准计算铁芯窗高 H_w，其值计算如下：

$$\begin{cases} H_{xqs} = H_{xqs1} \\ H_w = H_{xqs} + 2L_{sxjy} \end{cases} \quad (3\text{-}13)$$

此时，二次电抗控制绕组的上绝缘距离 L_{u2} 和下绝缘距离为

$$L_{u2} = L_{d2} = (H_w - H_{xqs1})/2 \quad (3\text{-}14)$$

当一次电抗绕组高度 H_{xqs1} 小于二次电抗控制绕组高度 H_{xqs2} 时，先在铁芯柱上缠绕二次电抗控制绕组，再缠绕一次电抗绕组，记为"缠绕方式Ⅱ（二次电抗绕组在内圈）"。

铁芯窗高与绕组缠绕示意图（$H_{xqs1} < H_{xqs2}$）如图 3-5 所示。

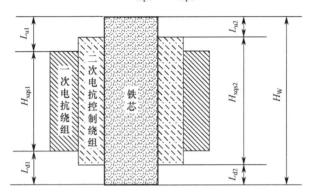

图 3-5　铁芯窗高与绕组缠绕示意图（$H_{xqs2} > H_{xqs1}$）

由图 3-5 可知，二次电抗控制绕组高度 H_{xqs2} 就是绕组高度 H_{xqs}，上绝缘距离 L_{u2} 和下绝缘距离 L_{d2} 等于上下绝缘距离标准 L_{sxjy}。

以满足二次电抗控制绕组高度 H_{xqs2} 为基准计算铁芯窗高 H_w，其值计算如下

$$\begin{cases} H_{xqs} = H_{xqs2} \\ H_w = H_{xqs} + 2L_{sxjy} \end{cases} \qquad (3\text{-}15)$$

此时，二次电抗控制绕组的上绝缘距离 L_{u1} 和下绝缘距离 L_{d1} 可表示为

$$L_{u1} = L_{d1} = (H_w - H_{xqs2})/2 \qquad (3\text{-}16)$$

3.5　电抗绕组长度计算方法

根据铁芯直径确定内绕组半径 r_{in}，根据缠绕方式分别计算一次电抗绕组和二次电抗控制绕组的幅向尺寸，计算电抗绕组长度 L_1 和 L_2。

根据铁芯直径 D 的大小，考虑相之间的间隙度，内绕组半径（mm）计算如下

$$r_{in} = \frac{D}{2} + \sigma \qquad (3\text{-}17)$$

式中：σ 为间隙度，最小可取 5mm，一般 10kV 级电压间隙取 10mm，35kV 级电压取 17mm，110kV 级电压取 35mm。

一次电抗绕组（二次电抗控制绕组）的幅向尺寸由选用的带绝缘扁铜线的厚

度 X_{B12}（X_{B22}）、层数 δ_1（δ_2）、绕线方式确定。

一次电抗绕组幅向尺寸为

$$L_{H1} = \begin{cases} \delta_1 \times X_{B12}, & \text{单导线缠绕} \\ 2 \times \delta_1 \times X_{B12}, & \text{双导线并绕} \end{cases} \quad (3\text{-}18)$$

二次电抗控制绕组幅向尺寸为

$$L_{H2} = \begin{cases} \delta_2 \times X_{B22}, & \text{单导线缠绕} \\ 2 \times \delta_2 \times X_{B22}, & \text{双导线并绕} \end{cases} \quad (3\text{-}19)$$

匝间绝缘采用 4 张绝缘纸，每张 0.3mm，得到单层绝缘厚度 B_{jy} 取值为 $4 \times 0.3 = 1.2$ mm。因此，一次电抗绕组和二次电抗控制绕组层间绝缘厚度尺寸为

$$\begin{cases} L_{Hjy1} = (\delta_1 - 1) \times B_{jy} \\ L_{Hjy2} = (\delta_2 - 1) \times B_{jy} \end{cases} \quad (3\text{-}20)$$

根据一次电抗绕组（二次电抗控制绕组）的绕组幅向尺寸和层间绝缘厚度，适当考虑幅向缠绕裕度，确定一次电抗绕组（二次电抗控制绕组）幅向尺寸。

一次电抗绕组幅向尺寸为

$$L_{HX1} = (L_{H1} + L_{Hjy1}) \times \rho_{jyc1} \quad (3\text{-}21)$$

式中：ρ_{jyc1} 为一次电抗绕组幅向缠绕裕度，一般取值 1.15。

二次电抗控制绕组幅向尺寸为

$$L_{HX2} = (L_{H2} + L_{Hjy2}) \times \rho_{jyc2} \quad (3\text{-}22)$$

式中：ρ_{jyc2} 为二次电抗绕组幅向缠绕裕度，一般取值 1.12。

采用缠绕方式Ⅰ（一次电抗绕组在内圈）时，根据图 3-4 可得到一次电抗绕组和二次电抗控制绕组匝长。

一次电抗绕组匝长计算如下：

$$L_{WL1} = \begin{cases} 2\pi \times (r_{in} + L_{HX1} + L_{jyc1}), & \text{单导线缠绕} \\ 2 \times [2\pi \times (r_{in} + L_{HX1} + L_{jyc1})], & \text{双导线并绕} \end{cases} \quad (3\text{-}23)$$

二次电抗控制绕组匝长计算如下：

$$L_{WL2} = \begin{cases} 2\pi(r_{in} + L_{HX1} + L_{jyc1} + L_{HX2} + L_{jyc2}), & \text{单导线缠绕} \\ 2 \times [2\pi(r_{in} + L_{HX1} + L_{jyc1} + L_{HX2} + L_{jyc2})], & \text{双导线并绕} \end{cases} \quad (3\text{-}24)$$

式（3-23）和式（3-24）中，L_{jyc1} 和 L_{jyc2} 分别为一次和二次主绝缘厚度，一般取值 9mm。

采用缠绕方式Ⅱ（二次电抗控制绕组在内圈）时，根据图 3-5 可得到一次电抗绕组和二次电抗控制绕组匝长。

二次电抗控制绕组匝长计算如下：

$$L_{WL2} = \begin{cases} 2\pi \times (r_{in} + L_{HX2} + L_{jyc2}), & \text{单导线缠绕} \\ 2 \times [2\pi \times (r_{in} + L_{HX2} + L_{jyc2})], & \text{双导线并绕} \end{cases} \quad (3\text{-}25)$$

一次电抗绕组匝长计算如下：

$$L_{WL1} = \begin{cases} 2\pi(r_{in} + L_{HX1} + L_{jyc1} + L_{HX2} + L_{jyc2}), & \text{单导线缠绕} \\ 2 \times [2\pi(r_{in} + L_{HX1} + L_{jyc1} + L_{HX2} + L_{jyc2})], & \text{双导线并绕} \end{cases} \quad (3\text{-}26)$$

根据绕组匝数和电抗绕组匝长，考虑出线长度，计算绕组长度，即

$$\begin{cases} L_1 = W_1 \times L_{WL1} + L_{10} \\ L_2 = W_2 \times L_{WL2} + L_{20} \end{cases} \quad (3\text{-}27)$$

式中：L_{10} 和 L_{20} 分别为一次电抗绕组和二次电抗控制绕组的出线长度，一般取 1m（每边出线 0.5m）。

3.6 绕组直径与铁芯中心柱绝缘半径计算方法

根据图 3-3 可知，电抗绕组直径 D_{12} 由内绕组半径 r_{in}、一次电抗绕组幅向尺寸 L_{HX1}、二次电抗控制绕组幅向尺寸 L_{HX2}、一次主绝缘厚度 L_{jyc1} 和二次主绝缘厚度 L_{jyc2} 确定，其值计算如下：

$$D_{12} = 2 \times (r_{in} + L_{jyc1} + L_{HX1} + L_{jyc2} + L_{HX2}) \quad (3\text{-}28)$$

考虑相间空隙，确定铁芯中心柱绝缘半径为

$$r_0 = D_{12} + \rho_x \quad (3\text{-}29)$$

式中：ρ_x 为相间空隙，一般取 9～15mm。

3.7 电抗变换器的重量计算方法

首先，根据一次电抗绕组（二次电抗控制绕组）长度和导线截面积，计算三相一次电抗绕组（二次电抗控制绕组）铜重量；其次，计算角重量、上下轭重量和芯柱重量之和得到铁芯总重量；最后，根据一次电抗绕组重量、二次电抗控制绕组重量和铁芯重量，得到电抗变换器重量。

1. 电抗绕组重量

根据电抗绕组长度 $L_1(L_2)$ 和导线截面积 $S_1(S_2)$，计算三相一次电抗绕组铜重量 G_1 和二次电抗控制绕组铜重量 G_2，即

$$\begin{cases} G_1 = 3 \times \eta_t \times (L_1 \times S_1) \\ G_2 = 3 \times \eta_t \times (L_2 \times S_2) \end{cases} \tag{3-30}$$

式中：η_t 为铜密度，约为 $8.9 \times 10^3 \text{kg/m}^3$。

2. 铁芯总重量

铁芯总重量包括角重量、上下轭重量和芯柱重量。根据铁芯直径 D 查表 3-2 获得铁芯角重量 G_j。

表 3-2 铁芯直径 D 与角重量 G_j 的关系数据表

D/mm	G_j/kg	D/mm	G_j/kg	D/mm	G_j/kg
ϕ 80	4.2	ϕ 170	44.3	ϕ 260	160.9
ϕ 90	6.1	ϕ 180	53.8	ϕ 270	182
ϕ 100	8.6	ϕ 190	62.0	ϕ 280	203.1
ϕ 110	11.1	ϕ 200	73.1	ϕ 290	230
ϕ 120	15.4	ϕ 210	84.8	ϕ 300	250.1
ϕ 130	19.5	ϕ 220	95.1	ϕ 310	276.4
ϕ 140	24.3	ϕ 230	111.0	ϕ 320	306.8
ϕ 150	30.8	ϕ 240	126.4	ϕ 330	338.7
ϕ 160	36.6	ϕ 250	145.1	ϕ 340	366.1

根据铁芯截面积 S 和铁芯中心柱绝缘半径 r_0，确定上、下轭重量，即

$$G_e = 2 \times [(2r_0 + B_{\max}) \times 10^{-3} \times (S \times 10^{-4}) \times \eta_{t1}] \tag{3-31}$$

式中：$B_{\max}$ 为最大片宽，大于 $D_{12}/2$；η_{t1} 为铁的密度，其值为 $7.65 \times 10^3 \text{kg/m}^3$。

根据铁芯窗高 H_w 和铁芯截面积 S，确定芯柱重量 G_x，即

$$G_x = 3 \times H_w \times (S \times 10^{-4}) \times \eta_{t1} \tag{3-32}$$

因此，铁芯总重量为

$$G_{xz} = G_j + G_e + G_x \tag{3-33}$$

3. 电抗变换器总重量

电抗变换器总重量的总质量为

$$G_z = (G_{xz} + G_1 + G_2) \times x_G \tag{3-34}$$

式中：x_G 为重量调节系数，一般取 1.05。

3.8 电抗变换器工艺参数设计仿真系统

为了计算和优化电抗变换器的工艺参数，本节利用 Matlab 2016a 工具开发了

电抗变换器工艺参数设计仿真系统，并进行仿真计算。

3.8.1 主程序

电抗变换器工艺参数设计仿真系统，由"设计技术指标""参数保存"和"设计菜单"组成。"设计菜单"包括铁芯直径与绕组匝数计算、绕组高度与铁芯窗高、电抗绕组长度、绕组直径与铁芯中心柱绝缘半径、电抗变换器重量、输出结果等子系统。

电抗变换器工艺参数设计仿真系统组成框图如图 3-6 所示。

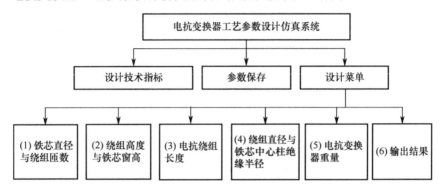

图 3-6　电抗变换器工艺参数设计仿真系统组成框图

电磁耦合电抗变换器工艺参数设计仿真系统图形用户界面（GUI）如图 3-7 所示。

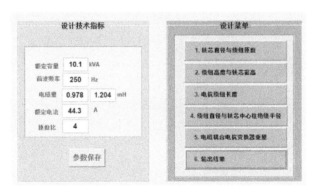

图 3-7　电磁耦合电抗变换器工艺参数设计仿真系统 GUI

3.8.2 铁芯直径与绕组匝数计算程序

根据 3.3 节所述的铁芯直径与绕组匝数计算方法，即式（3-1）～式（3-6），开发铁芯直径与绕组匝数计算程序，包括设计参数和设计步骤功能模块。

铁芯直径与绕组匝数设计仿真系统 GUI 如图 3-8 所示。

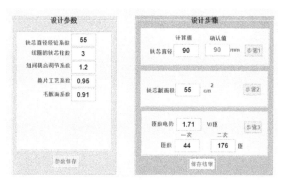

图 3-8 铁芯直径与绕组匝数设计仿真系统 GUI

3.8.3 绕组高度与铁芯窗高计算程序

根据 3.4 节所述的绕组高度与铁芯窗高计算方法，即式（3-7）～式（3-16），开发绕组高度与铁芯窗高计算程序，包括参数设置和设计结果功能模块。绕组高度与铁芯窗高设计仿真系统 GUI 如图 3-9 所示。

图 3-9 绕组高度与铁芯窗高设计仿真系统 GUI

3.8.4 电抗绕组长度计算程序

根据 3.5 节所述的电抗绕组长度计算方法，即式（3-17）～式（3-27），开发电抗绕组长度计算程序，包括参数设置和设计结果功能模块。电抗绕组长度设计仿真系统 GUI 如图 3-10 所示。

图 3-10 电抗绕组长度设计仿真系统 GUI

3.8.5 绕组直径与铁芯中心柱绝缘半径计算程序

根据 3.6 节所述的绕组直径与铁芯中心柱绝缘半径计算方法，即式（3-28）和式（3-29），开发绕组直径与铁芯中心柱绝缘半径计算程序。

绕组直径与铁芯中心柱绝缘半径设计仿真系统 GUI 如图 3-11 所示。

图 3-11　绕组直径与铁芯中心柱绝缘半径设计仿真系统 GUI

3.8.6 电抗变换器的重量计算程序

根据 3.7 节所述的电抗变换器的总重量计算方法，即式（3-30）～式（3-34），开发电抗变换器的总重量计算程序。

电磁耦电抗变换器的重量计算仿真系统 GUI 如图 3-12 所示。

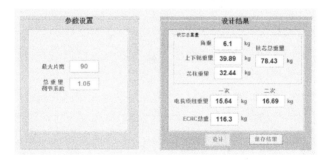

图 3-12　电磁耦电抗变换器的重量计算仿真系统 GUI

第4章 电力谐波动态调谐滤波方法

针对无源滤波器参数不能连续调节、不能实现动态调谐等问题,提出并研究电力谐波动态调谐滤波方法。本章根据电力谐波治理要求,构建动态调谐电力滤波系统及其谐波影响模型,提出动态调谐滤波全调谐方法;以电磁耦合滤波电抗器为核心部件构建动态调谐滤波器拓扑结构,分析动态调谐滤波器原理,从理论上解决失谐问题,揭示节能机理;为了实现动态调谐滤波,提出动态调谐控制方法;为了验证和评价动态调谐滤波器的滤波性能,给出动态调谐滤波器的性能评价指标;针对谐波源地域分散、谐波电流大或需要对多频次谐波电流治理等问题,配置多台动态调谐滤波器进行谐波治理,提出分布式电力谐波抑制方法。

4.1 动态调谐电力滤波系统

电力谐波动态调谐滤波方法是针对工业和交通行业电力谐波治理提出来的。从实际应用角度来看,是以动态调谐电力滤波系统满足谐波治理国家标准为出发点的。

电力变压器(Power Transformer,PT)由铁芯、一次侧绕组$1W_1$和二次侧绕组$1W_2$组成。动态调谐滤波器(Dynamically Tuned Power Filter,DTPF)与非线性负载(Nonlinear Load,NL)、配电系统中的电力变压器二次侧相连,构成动态调谐电力滤波系统,其组成框图如图4-1所示。

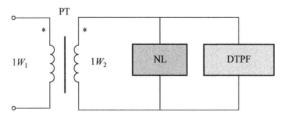

图4-1 动态调谐电力滤波系统组成框图

在动态调谐滤波器串联谐振时,对h次(某主次)谐波电流构成低阻抗旁路,此时谐波电流大部分被DTPF吸收;当动态调谐滤波器发生失谐时,其谐振频率偏离了谐波频率,DTPF对该主次谐波电流的调谐阻抗变大,NL产生的谐波电流大量流入电网中,使得DTPF吸收的谐波电流减少。

针对不同的应用场合可选择不同的治理方案，一般有就地治理、集中治理和分布式治理 3 种谐波治理方案。就地治理方案就是在主要谐波源的前端设置动态调谐滤波器；集中治理方案就是在变压器二次侧配电前端设置动态调谐滤波器，抑制谐波电流，适用于单台谐波源谐波电流含量低，但总电流大、总谐波电流大的谐波治理；分布式治理方案就是针对谐波源地域分散、谐波电流大或需要对多频次谐波电流治理等问题，需要配置多台动态调谐滤波器的谐波治理。

根据现场测试谐波源中的谐波特性，测量得到的主次谐波电流大小，提出谐波治理方案，主要是配置动态调谐滤波器台数，分配每台动态调谐滤波器的谐波电流吸收值，构成动态调谐电力滤波系统。治理后，要求谐波电流畸变率满足 IEEE519—1992 标准（表 1-1）。

4.2 动态调谐滤波全调谐方法

研究动态调谐滤波全调谐方法，从理论上探索实现全调谐的途径，使动态调谐电力滤波系统满足谐波治理国家标准。根据"谐波影响模型"，提出动态调谐滤波全调谐方法。

4.2.1 谐波影响模型与谐波影响系数

在分析得到动态调谐电力滤波系统的谐波等效电路（简称为"谐波等效电路"）的基础上，通过建立电力变压器一次侧等效谐波电流与谐波源（NL）谐波电流关系式（简称为"谐波影响模型"），实现谐波源谐波电流对电网的影响程度的定量表示。

根据叠加原理，图 4-1 可以等效为图 4-2 所示的滤波系统等效示意图。

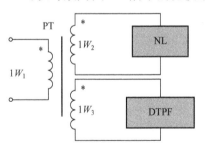

图 4-2 滤波系统等效示意图

图 4-2 中，$1W_2$ 和 $1W_3$ 的绕组相同。其中，一次侧绕组 $1W_1$ 接入电源，称为电源绕组；二次侧绕组 $1W_2$ 绕组连接非线性负载（NL），称为负载绕组；$1W_3$ 绕组连接 DTPF，称为滤波绕组。

由此得到图 4-2 相应的谐波等效模型Ⅰ，如图 4-3（a）所示。

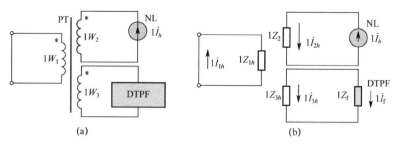

图 4-3 滤波系统谐波等效模型
(a) 谐波等效模型 I；(b) 谐波等效模型 II。

图 4-3（a）中，将 $1W_2$ 绕组视为一次绕组；$1W_1$ 和 $1W_3$ 视为二次绕组。

假设输入电源（PT 一次侧）中没有谐波分量，NL 产生的 h 次谐波电流 $1\dot{I}_h$ 为谐波源，$1W_1$、$1W_2$ 和 $1W_3$ 绕组中的谐波电流分别为 $1\dot{I}_{1h}$、$1\dot{I}_{2h}$、$1\dot{I}_{3h}$，匝数分别为 N_1、N_2 和 N_3，动态调谐滤波器吸收（滤除）的谐波电流为 $1\dot{I}_f$；设 $1W_1$、$1W_2$ 和 $1W_3$ 的等效谐波阻抗分别为 $1Z_{1h}$、$1Z_{2h}$ 和 $1Z_{3h}$，DTPF 的谐波阻抗为 $1Z_f$，则可得到图 4-3（b）所示的谐波等效模型 II。

由图 4-3（b）可以得到滤波系统谐波等效电路，如图 4-4 所示。

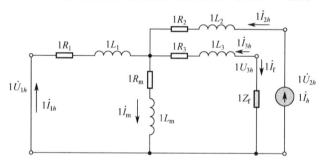

图 4-4 滤波系统谐波等效电路

通过图 4-4，根据电机学原理可以得到 $1W_1$、$1W_2$ 和 $1W_3$ 绕组的等效谐波阻抗关系为

$$\begin{cases} 1Z_{1h} = (1Z_{13h} + 1Z_{12h} - 1Z'_{32h})/2 \\ 1Z_{2h} = (1Z_{21h} + 1Z_{23h} - 1Z'_{13h})/2 \\ 1Z_{3h} = (1Z_{31h} + 1Z_{32h} - 1Z'_{12h})/2 \end{cases} \quad (4-1)$$

式（4-1）中的谐波等效阻抗关系如表 4-1 所列。

表 4-1 动态调谐电力滤波系统的谐波等效阻抗关系

序号	位置	谐波等效阻抗
1	$1W_1$ 与 $1W_3$	$1Z_{13h} = 1Z_{31h} = 1Z'_{13h}$
2	$1W_1$ 与 $1W_2$	$1Z_{12h} = 1Z_{21h}$
3	$1W_3$ 与 $1W_2$	$1Z_{32h} = 1Z_{23h} = 1Z'_{32h}$

根据图 4-4，可得出 h 次谐波电流和电压关系分别为

$$\begin{cases} 1\dot{I}_{2h} = 1\dot{I}_h \\ 1\dot{I}_{3h} = -1\dot{I}_f \end{cases} \quad (4\text{-}2)$$

$$\begin{cases} 1\dot{U}_{1h} = 0 \\ 1\dot{U}_{3h} = 1\dot{U}_f = 1Z_f \times 1\dot{I}_f \end{cases} \quad (4\text{-}3)$$

将 $1W_1$ 的谐波电流和电压折算到 $1W_2$，即

$$\begin{cases} 1\dot{I}'_{1h} = \dfrac{N_1}{N_2} \times 1\dot{I}_{1h} \\ 1\dot{U}'_{1h} = \dfrac{N_2}{N_1} \times 1\dot{U}_{1h} \\ 1\dot{I}'_{3h} = \dfrac{N_3}{N_2} \times 1\dot{I}_{3h} = -\dfrac{N_3}{N_2} \times 1\dot{I}_f \\ 1\dot{U}'_{3h} = \dfrac{N_2}{N_3} \times 1\dot{U}_{3h} = \dfrac{N_2}{N_3} \times 1\dot{U}_f \end{cases} \quad (4\text{-}4)$$

忽略励磁电流，可以得到与图 4-4 对应的动态调谐电力滤波系统的谐波等效电路，如图 4-5 所示。

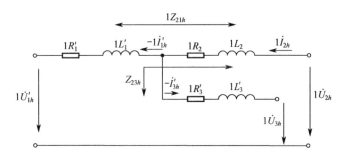

图 4-5 动态调谐电力滤波系统的谐波等效电路（忽略励磁）

根据节点基尔霍夫（KCL）方程，可得出 h 次谐波电流的磁动势平衡方程式为

$$1\dot{I}_{2h} + 1\dot{I}'_{1h} + 1\dot{I}'_{3h} = 0 \quad (4\text{-}5)$$

利用叠加原理，由图 4-5 得到以下电压方程：

$$\begin{cases} 1\dot{U}_{2h} - 1\dot{U}'_{1h} = -1\dot{I}'_{1h} \times 1Z_{21h} - 1\dot{I}'_{3h} \times 1Z_{2h} \\ 1\dot{U}_{2h} - 1\dot{U}'_{3h} = -1\dot{I}'_{3h} \times 1Z_{23h} - 1\dot{I}'_{1h} \times 1Z_{2h} \end{cases} \quad (4\text{-}6)$$

将式（4-4）中的 $1\dot{I}'_{1h}$ 和 $1\dot{I}'_{3h}$ 代入式（4-6）可得

$$\begin{cases} 1\dot{U}_{2h} = -\dfrac{N_1}{N_2} \times 1\dot{I}_{1h} \times 1Z_{21h} - \dfrac{N_3}{N_2} \times 1\dot{I}_{3h} \times 1Z_{2h} \\ 1\dot{U}_{2h} = \dfrac{N_2}{N_3} \times 1\dot{U}_{3h} - \dfrac{N_3}{N_2} \times 1\dot{I}_{3h} \times 1Z_{23h} - \dfrac{N_1}{N_2} \times 1\dot{I}_{1h} \times 1Z_{2h} \end{cases} \quad (4\text{-}7)$$

由式（4-7）得到

$$\dfrac{N_2}{N_3} \times 1\dot{U}_{3h} + \left(\dfrac{N_3}{N_2} \times 1Z_{2h} - \dfrac{N_3}{N_2} \times 1Z_{23h}\right) \times 1\dot{I}_{3h} + \left(\dfrac{N_1}{N_2} \times 1Z_{21h} - \dfrac{N_1}{N_2} \times 1Z_{2h}\right) \times 1\dot{I}_{1h} = 0$$

$$(4\text{-}8)$$

将式（4-3）和式（4-4）代入式（4-8），可得

$$\left[\dfrac{N_3}{N_2}(1Z_{2h} - 1Z_{23h}) - \dfrac{N_2}{N_3} \times 1Z_f\right] \times 1\dot{I}_{3h} + \dfrac{N_1}{N_2}(1Z_{21h} - 1Z_{2h}) \times 1\dot{I}_{1h} = 0 \quad (4\text{-}9)$$

由式（4-9）可得

$$1\dot{I}_{3h} = -\dfrac{\dfrac{N_1}{N_2}(1Z_{2h} - 1Z_{21h})}{\dfrac{N_3}{N_2}(1Z_{2h} - 1Z_{23h}) - \dfrac{N_2}{N_3} \times 1Z_f} \times 1\dot{I}_{1h} \quad (4\text{-}10)$$

将式（4-2）和式（4-10）代入式（4-5），并化简可得

$$1\dot{I}_{2h} = -\dfrac{N_1}{N_2}\left(1 + \dfrac{N_1}{N_2}\dfrac{1Z_{1h}}{1Z_{3h} + 1Z_f}\right) \times 1\dot{I}_{1h} \quad (4\text{-}11)$$

将式（4-2）代入式（4-11），并化简可得

$$1\dot{I}_{1h} = -\dfrac{N_1 N_2 (1Z_{3h} + 1Z_f)}{N_1^2(1Z_{3h} + 1Z_f) + N_2^2 \times 1Z_{1h}} \times 1\dot{I}_h = 1K_h \times 1\dot{I}_h \quad (4\text{-}12)$$

式中：$1K_h$ 为谐波影响系数，等于 $-1\dot{I}_{1h}$ 与 $1\dot{I}_h$ 之比，即

$$1K_h = \dfrac{-1\dot{I}_{1h}}{1\dot{I}_h} = \dfrac{N_1 N_2 \times (1Z_{3h} + 1Z_f)}{N_1^2(1Z_{3h} + 1Z_f) + N_2^2 \times 1Z_{1h}} \quad (4\text{-}13)$$

式中："—"号表示 $1\dot{I}_{1h}$ 与 $1\dot{I}_h$ 的方向相反。

式（4-12）和式（4-13）揭示了动态调谐电力滤波系统中，电力变压器一次侧绕组等效谐波电流 $1\dot{I}_{1h}$ 与谐波源谐波电流 $1\dot{I}_h$ 之间的关系，也就是谐波源谐波电流对电网的影响程度，这里，式（4-12）称为"谐波影响模型"。

4.2.2 动态调谐滤波全调谐方法原理

由谐波影响模型可知，在动态调谐电力滤波系统中，非线性负载产生的谐波

电流对变压器一次侧影响大小与谐波影响系数$1K_h$有关,具体如下。

(1) 当$1K_h=0$时,$1\dot{I}_{1h}=0$,此时说明动态调谐滤波器完全吸收非线性负载(谐波源)产生的谐波电流,使电力变压器一次侧绕组中的谐波电流为0,也就是非线性负载产生的谐波对变压器一次侧绕组没有影响。

(2) 当$0<1K_h<1$时,$1K_h$越小,此时说明非线性负载产生的谐波电流对变压器一次侧绕组影响越小。

(3) 当$1K_h=1$时,$1\dot{I}_{1h}=1\dot{I}_h$,此时说明非线性负载产生的谐波对变压器一次侧绕组影响最大,也就是没投入动态调谐滤波器。

由此得出结论:只要使电力变压器二次侧绕组的h次谐波阻抗$1Z_{3h}$与动态调谐滤波器的滤波阻抗$1Z_f$之和为0,就能使$1K_h=0$成立,表明动态调谐滤波器就能完全吸收非线性负载NL产生的谐波电流,使电力变压器一次侧中的谐波电流为0,即谐波源产生的谐波电流对配电系统没有影响。于是由式(4-13)得到

$$1Z_{3h}+1Z_f=0 \tag{4-14}$$

在电力变压器设计及制造后,绕组的基波等效阻抗就已确定,而相对应的h次谐波等效阻抗为基波等效阻抗的h倍。

根据变压器二次侧交流母排谐波电流的大小,选择需要滤除的某次谐波电流值,以变压器一次侧绕组中的h次谐波电流$1\dot{I}_{1h}=0$为目标,设计动态调谐滤波器的电气参数,使谐波影响系数$1K_h=0$成立,就可以使动态调谐滤波器的滤波效果达到最理想值(吸收率为100%)。本书将这种方法称之为"动态调谐滤波全调谐方法"(简称为"全调谐方法"),从理论上指出了实现全调谐的途径。

运用全调谐方法,可以根据动态调谐原理,适当考虑工程应用要求,设计动态调谐滤波器电气参数(详见第5章),使动态调谐滤波器始终谐振在所要求的谐振点上。

4.2.3 动态调谐滤波全调谐方法实现

当忽略励磁的影响时,对式(2-13)简化可得

$$X_{1Lh}=Z_{11}=\frac{Z_1(Z_m+Z_2+Z_\alpha)+Z_m(Z_2+Z_\alpha)}{Z_m+Z_2+Z_\alpha} \approx Z_1+Z_2+Z_\alpha \tag{4-15}$$

此时,动态调谐滤波器的谐波阻抗为

$$1Z_f=X_{1Lh}-X_C=Z_1+Z_2+Z_\alpha-X_C \tag{4-16}$$

将式(4-16)代入式(4-12),可得

$$1\dot{I}_{1h}=-\frac{N_1 N_2}{N_1^2+N_2^2\times\dfrac{1Z_{1h}}{1Z_{3h}+Z_1+Z_2+Z_\alpha-X_C}}\times 1\dot{I}_h=-1K_h\times 1\dot{I}_h \tag{4-17}$$

式中：谐波影响系数为

$$1K_h = \frac{N_1 N_2}{N_1^2 + N_2^2 \times \dfrac{1Z_{1h}}{1Z_{3h} + Z_1 + Z_2 + Z_\alpha - X_C}} \tag{4-18}$$

由式（4-17）和式（4-18）可得出以下结论。

(1) 通过控制电力电子阻抗变换器中晶闸管的触发角 α 就能改变 Z_α 的值（见第2章），也就改变了谐波影响系数 $1K_h$ 的值。

(2) 只要控制 $1K_h$ 值的大小，就可以控制动态调谐滤波器的吸收谐波电流值大小，从而控制谐波电流对电网的影响；只要控制 $1K_h$ 的值越小，可以使动态调谐滤波器的吸收谐波电流越大，也就能使谐波电流对电网的影响越小。

从理想状态来讲，可以实现电力变压器一次侧绕组的谐波电流为零，但是实际上，在谐波抑制应用中从技术性、经济性与成本等方面综合考虑，没有必要使电力变压器一次侧绕组的谐波电流完全为零，只要满足谐波治理国家标准即可。

在电抗变换器的二次电抗控制绕组接入电力电子阻抗变换器，通过电力电子器件改变电抗变换器参数，可以实现电感量连续可调；本体滤波器接入，配合动态调谐滤波器，有助于实现全调谐。

4.3 动态调谐滤波器拓扑结构

针对无源滤波器电感量不可调和参数的离散化，以及谐振点偏移引起滤波效果较差等问题，可构建基本型电磁耦合滤波电抗器结构（图2-3）。电磁耦合滤波电抗器（ECFR）具有电磁耦合、电感量连续可调和谐波抑制等多重特征。为了克服无源滤波器的不足，改善和提高无源滤波器性能，实现"电感量连续可调、全调谐滤波"，本书以电磁耦合滤波电抗器为核心部件，构建了动态调谐滤波器拓扑结构，如图4-6所示。

图4-6中，Q_{01} 为断路器，KM_0 为主接触器，$FS_{1\sim n}$ 为熔断器，$KM_{1\sim n}$ 为电容接触器，C_s 为滤波电容组的等效电容，$1L_{n1}$ 为电磁耦合滤波电抗器一次电抗绕组的等效电感；$1I_h$ 为非线性负载产生的谐波电流，$1I_f$ 为动态调谐滤波器吸收的谐波电流，u_s 为电源电压。

动态调谐滤波器由滤波主电路和控制系统组成。滤波主电路由 ECFR 与电容器组 C_s 组成，形成串联滤波支路；控制系统由控制器、触发板（PTB）、谐波采集模块（WD）、触摸屏（TS）等组成，用于实现动态调谐滤波器的控制和电感 $1L_{n1}$ 的动态调节等。

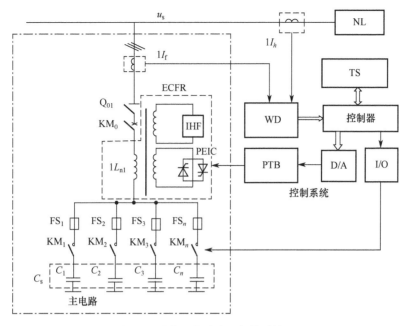

图 4-6 动态调谐滤波器拓扑结构图

4.4 动态调谐滤波器原理

根据图 4-6 分析动态调谐滤波器的动态调谐滤波原理,从根本上解决失谐问题;分析无功补偿原理,揭示节能机理;分析保持电抗率稳定机理,避免滤波电容过电压损坏。

4.4.1 动态调谐滤波原理

动态调谐滤波器的滤波原理与无源滤波器原理基本一致,都是采用串联谐振原理使滤波支路呈现低阻抗,使谐波电流流过滤波支路,减小流入配电系统的谐波电流,实现滤波。但是,不同的是动态调谐滤波器具有电感量连续可调的"电磁耦合滤波电抗器"作为核心器件,通过电磁耦合滤波电抗器实现动态调谐。

由图 4-6 可知,通过动态改变动态调谐滤波器的滤波参数如电感 $1L_{n1}$ 与滤波电容 C_s,使滤波支路发生串联谐振,此时,配电系统中某次谐波电流呈低阻抗,动态调谐滤波器吸收(滤除)谐波电流,从而减小流入到配电系统的谐波电流,实现谐波动态抑制。

对于图 4-6 所示的动态调谐滤波器来说,串联滤波支路的总阻抗为

$$Z = R + j(X_L - X_C) \tag{4-19}$$

式中:R、X_L 和 X_C 分别为串联滤波支路的电阻、感抗和容抗。

谐波频率为 f_h 时，感抗和容抗为

$$\begin{cases} X_{Lh} = 2\pi f_h \times 1L_{n1} = hX_{L1} \\ X_{Ch} = \dfrac{1}{2\pi f_h \times C_s} = \dfrac{1}{h}X_{C1} \end{cases} \quad (4\text{-}20)$$

式中：f_h 为谐波频率，$f_h = h \times f_1$，f_1 为电网的基波频率（50Hz）；h 为谐波频率与基波频率之比，也称为谐波次数；X_{L1} 和 X_{C1} 分别为基波感抗和容抗。

当 $1L_{n1}$ 与滤波电容器组 C_s 发生串联谐振时，总阻抗虚部为 0，可得

$$X_{L1} = \dfrac{1}{h^2}X_{C1} \quad (4\text{-}21)$$

此时，谐波频率和谐波次数为

$$\begin{cases} f_h = \dfrac{1}{2\pi\sqrt{1L_{n1} \times C_s}} \\ h = \dfrac{1}{2\pi f_1 \sqrt{1L_{n1} \times C_s}} \end{cases} \quad (4\text{-}22)$$

滤波电容器的容量 Q_{C_s}、电容 C_s、容抗值 X_{C_s} 之间的关系式为

$$\begin{cases} X_{C_s} = \dfrac{U_{C_s}^2}{Q_{C_s}} \\ C_s = \dfrac{1}{2\pi f_1 X_{C_s}} \end{cases} \quad (4\text{-}23)$$

根据式（4-19）、式（4-20）和式（4-22），可以得到动态调谐滤波器阻抗频率特性曲线，如图 4-7 所示。

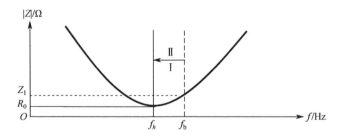

图 4-7 动态调谐滤波器阻抗频率特性曲线

综上所述，可得出以下结论。

（1）由式（4-19）可知，动态调谐滤波器在谐振频率处的阻抗最小（图 4-7 中的 R_0）。当谐振频率发生偏移时，谐振频率处的阻抗将不再是纯电阻，增大至图 4-7 中的 Z_1。

（2）在无动态调谐（如 PPF）的情况下，当滤波电容器的容量 Q_{C_s} 下降时，其容抗 X_{C_s} 会增大，电容值 C_s 下降，谐振频率 f_h 会增大至 f_b（图 4-7 中的Ⅰ），同时，随着电容器使用时间的增加，谐振点就会逐渐向较高频率处偏移，这样引起的后果是滤波器的滤波效果大大降低。

（3）在有动态调谐（如 DTPF）的情况下，当滤波电容器的容量 Q_{C_s} 下降时，动态调谐滤波器就会通过电磁耦合滤波电抗器的阻抗变换特性来动态调节其电感量 $1L_{n1}$，可以使动态调谐滤波器的谐振点重新回到拟滤除的谐波频率 f_h（图 4-7 中的Ⅱ）上，即通过动态调节感抗来平衡容抗的变化。

动态调谐滤波器的动态调谐滤波原理归纳如下。

当动态调谐滤波器正常投入运行时，调节电磁耦合滤波电抗器的电感量，保证串联滤波支路始终满足谐振条件，吸收谐波电流；当使用中电容容量下降或其他原因导致谐振点频率偏移时，就可以通过调节晶闸管触发角 α 动态改变电磁耦合滤波电抗器的电感值 $1L_{n1}$（见第 2 章，$X_{1Lh} \approx Z_{11}$），即通过调节感抗来平衡容抗的变化，返回到谐振点，使滤波效果不受影响，动态调谐滤除谐波电流，即实现了"动态抑制谐波"，从根本上解决失谐的问题。

4.4.2 无功补偿原理

谐波环境下，视在功率 S、有功功率 P_1 与基波无功功率 Q_1 和 h 次谐波无功功率 Q_h 之间的关系为

$$\begin{cases} S = \sqrt{P_1^2 + Q_1^2 + Q_h^2} \\ \cos\varphi_0 = \dfrac{P_1}{S} = \dfrac{\sqrt{S^2 - Q_1^2 - Q_h^2}}{S} \end{cases} \quad (4\text{-}24)$$

由式（4-24）可知，S 与 P_1、Q_1、Q_h 有关；在 S 一定的情况下，Q_h 越大，则 P_1 就越小，即功率因数 $\cos\varphi_0$ 就越低；反之，Q_h 越小，$\cos\varphi_0$ 就会越高。

动态调谐滤波器通过动态调谐改变无功功率 Q_h 的大小，实现动态无功补偿。忽略动态调谐滤波器的电阻，由式（4-20）～式（4-22）可得到动态调谐滤波器基波阻抗为

$$Z_1 = X_{C1} - X_{L1} = X_{C1}\frac{h^2-1}{h^2} \quad (4\text{-}25)$$

串联滤波支路谐振时，动态调谐滤波器为配电系统补偿基波无功为

$$Q_P = \frac{U_1^2}{Z_1} = \frac{U_1^2}{X_{C1}} \cdot \frac{h^2}{h^2-1} = \frac{Q_{CN}U_1^2}{U_{CN}^2} \cdot \frac{h^2}{h^2-1} \approx \frac{h^2}{h^2-1}Q_{CN} \quad (4\text{-}26)$$

式中：U_1、Q_{C_s} 分别为 C_s 两端的基波电压和基波无功功率；U_{CN} 和 Q_{CN} 分别为电

容的额定电压和额定容量。

由式（4-26）可知：串联滤波支路谐振时，可通过投入或切除电容器，即调节式（4-26）中的 Q_{CN}，从而改变 Q_P，为配电系统提供基波无功功率。

无/有动态调谐滤波器时的电流与电压的关系如图 4-8 所示。

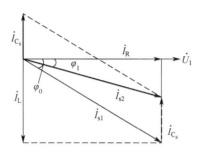

图 4-8 无/有动态调谐滤波器时电流与电压的关系

图 4-8 中，$\dot{I}_R$、$\dot{I}_L$、$\dot{I}_{s1}$ 和 φ_0 分别为无动态调谐滤波器时配电系统的阻性电流、感性电流、视在电流和功率因数角，此时的 h 次谐波无功功率记为 Q_h；$\dot{I}_{s2}$、$\dot{I}_{C_s}$ 和 φ_1 分别为有动态调谐滤波器时配电系统的视在电流、动态调谐滤波器提供的容性电流和功率因数角，此时的 h 次谐波无功功率记为 Q_{h2}。

串联滤波支路谐振时，动态调谐滤波器向配电系统容性电流 $\dot{I}_{C_s}$ 来提高基波无功功率 Q_P，于是可得

$$Q_{h2}=Q_h-Q_P \tag{4-27}$$

$$\cos\varphi_1 = \frac{P_2}{S} = \frac{\sqrt{S^2-Q_1^2-Q_{h2}^2}}{S} \tag{4-28}$$

由式（4-27）和式（4-28）可知，当 Q_P 增加即 Q_{h2} 减小时，功率因数 $\cos\varphi_1$ 提高，即动态调谐滤波器通过向配电系统提供容性电流 $\dot{I}_{C_s}$ 提高功率因数，减少电流有效值。

4.4.3 节能机理

由以上分析可知，动态调谐滤波器通过吸收（滤除）谐波电流、提高功率因数，减少了无功损耗；通过降低电流有效值，使配电系统总体功耗降低。

下面分析通过吸收谐波电流，减少 h 次谐波损耗功率，实现节能的机理。h（取值 2, 3, …, n）次谐波频率下的谐波损耗功率 P_h，包括电力设备运行期间的谐波损耗功率和变压器运行期间的谐波损耗。

谐波电流注入配电系统后，其中一部分谐波功率返回系统阻抗和发电机，分别被系统电阻所消耗 P_{Sh} 和发电机所吸收 P_{Gh}；大部分谐波功率被非线性负载电阻

所吸收 P_{Lh}。因此，根据功率平衡关系，可得到 h 次谐波损耗功率为

$$P_h = P_{Sh} + P_{Gh} + P_{Lh} \tag{4-29}$$

在有非线性负载的配电系统中，功率损耗 P_s 等于基波损耗功率 P_j 和所有次谐波损耗功率之和，即

$$P_s = P_j + \sum_{h=2}^{n} P_h \tag{4-30}$$

1. 降低电力设备运行期间的谐波损耗功率

电力设备运行期间谐波产生的损耗与附加热量是相关的。谐波电流增加使得电流有效值 I_{rms} 增加，其值计算如下：

$$I_{rms} = \sqrt{I_1^2 + \sum_{h=2}^{n} I_h^2} \tag{4-31}$$

由式（4-31）可知，通过降低谐波电流 I_h，可以降低电力设备运行期间的电流有效值 I_{rms}。

谐波环境下电力设备的有功功率、无功功率和视在功率分别为

$$P = \frac{1}{T}\int_0^T p(t)dt = \sum_{h=1}^{n} U_h I_h \cos(Q_h - \delta_h) = P_1 + \sum_{h=2}^{n} P_h \tag{4-32}$$

$$Q = \frac{1}{T}\int_0^T q(t)dt = \sum_{h=1}^{\infty} U_h I_h \sin(Q_h - \delta_h) = Q_1 + \sum_{h=2}^{\infty} Q_h \tag{4-33}$$

$$S = U_{rms} I_{rms} \tag{4-34}$$

电阻和电感元件的谐波损耗功率为

$$\Delta P_R = I_{rms}^2 R - I_1^2 R = (I_{rms}^2 - I_1^2)R = \sum_{h=2}^{n} I_h^2 R \tag{4-35}$$

$$\Delta P_L = I_{rms}^2 X_L - I_1^2 X_L = (I_{rms}^2 - I_1^2)X_L = \sum_{h=2}^{n} I_h^2 X_L \tag{4-36}$$

电力设备（阻感性元件）谐波损耗功率为

$$\Delta P_Z = \sum_{h=2}^{n} I_h^2 Z \tag{4-37}$$

由式（4-35）～式（4-37）可知，通过降低谐波 I_h 可以降低电阻、电感元件和电力设备（阻感性元件）的谐波损耗功率。

2. 降低变压器运行期间的谐波损耗

由于变压器铁芯的存在，变压器的励磁支路是非线性的，且随着电压的增大其非线性程度也越大。铜损出现在变压器绕组中，是 50Hz 频率时电阻的函数，电阻的阻值因谐波而增加，导致铜损附加热量增加；铁损出现在铁芯中，谐波使铁

芯激磁电流增加、发热量增加，电耗大。

综上所述，动态调谐滤波器的节能机理归纳如下。

（1）动态调谐滤波器具有一定的动态无功补偿功能，降低无功损耗；通过降低电流有效值，使配电系统总体功耗降低；通过吸收（滤除）谐波电流，降低电力设备运行期间的谐波损耗功率，并降低变压器运行期间谐波产生的铜损和铁损。

（2）根据滤波原理和无功补偿原理可知：动态调谐滤波器具有谐波抑制和节能的双重特性。动态调谐滤波器不但吸收（滤除）了谐波电流、降低了电流有效值，同时将吸收的谐波电流转换成基波电流，使功率因数提高，从而使设备发热现象大大减轻，设备误动作和无故停电事故明显减少，大大降低了电机、变压器等设备的振动与噪声，降低了电缆和电容器发热，提高了电能质量和供电安全性。

4.4.4 电抗率稳定机理

由图 4-6 可知，动态调谐滤波器的电抗率由电磁耦合滤波电抗器的等效感抗 $1X_{Ln1}$ 与电容器组 C_s 容抗 X_{C_s} 的百分数表示，即

$$k_r = \frac{1X_{Ln1}}{X_{C_s}} \times 100\% \qquad (4\text{-}38)$$

由式（4-20）、式（4-21）可推导出 h 次谐波谐振时的电抗率为

$$k_r = 1/h^2 \qquad (4\text{-}39)$$

由式（4-39）可得：5～13 次奇次谐波谐振时电抗率分别为 4%、4.04%、1.23%、0.82%、0.59%。

串联滤波支路谐振时，电抗变换器的一次电抗绕组电压为

$$U_{Ln1} = k_r U_{C_s} = U_{C_s}/h^2 \qquad (4\text{-}40)$$

由图 4-6 和式（4-40）可得，串联滤波支路谐振时电容器组 C_s 的电压为

$$U_{C_s} = \frac{1}{1-k_r} U_s = \frac{h^2}{h^2-1} U_s \qquad (4\text{-}41)$$

由式（4-38）和式（4-41）可知，在无动态调谐处于 $1X_{Ln1}$ 不可调的情况下，容抗 X_{C_s} 降低，从而使 k_r 增大，使滤波效果变差，同时使电容器组 C_s 承受电压 U_{C_s} 升高，影响电容器的使用寿命，严重时有可能烧坏电容器。

由式（4-39）和式（4-41）可得出动态调谐滤波器电抗率稳定机理：由动态调谐滤波可动态改变 $1X_{Ln1}$ 始终保持谐振（h 次）不变，即 k_r 值不变，保证滤波电容器组承受的电压 U_{C_s} 始终保持在其额定电压及最大长期运行电压范围内，延长其寿命。

4.5 动态调谐控制方法

4.5.1 控制目标的选取

拟治理的电网或配电系统中不含有背景谐波电流，系统中的谐波电流全部由谐波源负载产生，其值为 $1\dot{I}_h$。为了滤除系统的 h 次谐波电流，系统中装设了 h 次动态调谐滤波器，则 h 次谐波电流流向的示意图如图 4-9 所示。

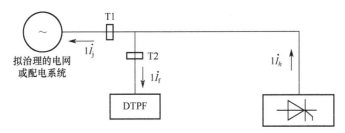

图 4-9 h 次谐波电流流向的示意图

图 4-9 中，T1、T2 分别是谐波电能采集模块的安装位置，经 DTPF 滤波后，谐波源向系统中注入 h 次谐波电流值为

$$1\dot{I}_j = 1\dot{I}_h - 1\dot{I}_f \tag{4-42}$$

根据 DTPF 的阻抗频率特性，当滤波器调谐于谐振频率 f_h 时，DTPF 吸收的 h 次谐波电流 $1\dot{I}_f$ 达到最大值，而注入电网中的 h 次谐波电流 $1\dot{I}_j$ 达到最小值。因此，对 DTPF 进行控制时，可以以 DTPF 吸收的 h 次谐波电流 $1\dot{I}_f$ 最大为控制目标或者以注入电网中的 h 次谐波电流 $1\dot{I}_j$ 最小为控制目标。虽然这两种控制目标的实质是一样的，但是由此而形成的控制方式会有所差异。

1. DTPF 吸收的 h 次谐波电流 $1\dot{I}_f$ 最大为控制目标

当以 DTPF 吸收的 h 次谐波电流 $1\dot{I}_f$ 最大为控制目标时，需在调谐过程中实时检测 DTPF 吸收的 h 次谐波电流 $1\dot{I}_f$（对应的谐波电能采集模块一般位于 T2 处），找出使 $1\dot{I}_f$ 最大时所对应的控制信号，并将该控制信号作为最优控制信号对 DTPF 进行控制。这种控制方式的特点如下。

（1）这是一种开环控制方式，控制简单，经调谐后，DTPF 一般刚好调谐于谐振频率 f_h，滤波效率高，只要 DTPF 的容量允许，其能最大限度地吸收谐波源所产生的 h 次谐波电流。

（2）对滤波器主电路的参数设计要求较高。若 DTPF 中的电磁耦合滤波电抗器和滤波电容器的参数设计不当，在调谐过程中，有可能引起 h 次谐波电流放大的现象，从而增加了控制的难度，不便于找到最优控制信号。

2. 以注入电网中的 h 次谐波电流 $1I_j$ 最小为控制目标

当以注入系统中的 h 次谐波电流 $1I_j$ 最小为控制目标时,需在调谐过程中实时检测电网中的 h 次谐波电流 $1I_j$(对应的谐波电能采集模块一般位于 T1 处),找出使 $1I_j$ 最小时所对应的控制信号,并将该控制信号作为最优控制信号对 DTPF 进行控制。这种控制方式有以下特点。

(1)这种方式可以有效避免参数设计不当或变化而引起的 h 次谐波电流放大的现象。这是因为投入 DTPF 后,当 h 次谐波电流较之于滤波前有所增大时,电网侧的谐波电流也会相应增大。因此,此时所对应的控制信号不会被误认为是最优控制信号。

(2)一般情况下,电网系统中的谐波电流具有随机性,始终处于动态变化的过程中。因此,投入 DTPF 后,注入电网中的 h 次谐波电流 $1I_j$ 也会不断发生变化。若以 $1I_j$ 最小为控制目标,就需要对动态调谐滤波器进行连续调谐(即需要连续寻找最优控制信号)。虽然可以针对电网的波动实现实时动态滤波,但是若 DTPF 长时间处于连续调谐过程中,控制动作频繁,容易导致系统振荡,DTPF 滤波效果必定受到影响。

4.5.2 动态调谐控制方法原理

结合上述两种控制目标的特点,本书提出了一种 DTPF 吸收的 h 次谐波电流 $1I_f$ 最大为控制目标的动态调谐控制方法。

1. 控制目标设定方法

DTPF 调谐控制的前提是谐波源负载所产生的 h 次谐波电流的大小不超过 DTPF 吸收的 h 次谐波电流最大值,当 GB/T 14549—1993《电能质量公用电网谐波》中规定的 THD_i 超标时,对 DTPF 进行调谐操作,即控制目标模块给出 DTPF 吸收谐波电流给定值 $1I_{hs}$,否则,DTPF 继续维持前一时刻 $1I_{hs}$,即输出之前的最优控制信号。

2. 动态调谐控制系统结构

控制器的调谐目标是 h 次谐波电流的偏移量 ΔI_h 最小,即

$$\Delta I_h = \min(1I_{hs} - 1I_f) \tag{4-43}$$

动态调谐闭环控制系统结构如图 4-10 所示。

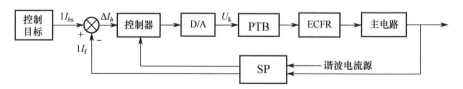

图 4-10 动态调谐闭环控制系统结构图

3. 动态调谐控制方法实现步骤

步骤一：设定 DTPF 吸收谐波电流设计值 I_{SD}。

步骤二：控制目标模块根据控制目标设定方法，给出 DTPF 吸收谐波电流给定值 $1I_{hs}$，当 $1I_h > I_{SD}$ 时，$1I_{hs}$ 取值为 I_{SD}；当 $1I_h \leqslant I_{SD}$ 时，$1I_f$ 取值为 $1I_h$。

步骤三：实时同步采集经信号处理得到 $1I_f$ 和谐波源产生的谐波电流 $1I_h$。

步骤四：实时控制，实现动态调谐滤波。调节电磁耦合滤波电抗器的电感，保证 DTPF 始终满足谐振条件，使 DTPF 吸收谐波电流 $1I_f$ 达到给定值 $1I_{hs}$，即 $\Delta I_h \approx 0$；在使用中电容容量下降或其他原因导致谐振点频率偏移时，$1I_f$ 减小，ΔI_h 增大，控制器采用"两次寻优法"计算，输出控制信号 U_k，调节晶闸管触发角 α，改变电磁耦合滤波电抗器的电感值 $1L_{n1}$，返回到谐振点，ΔI_h 减少，使滤波效果不受影响。

该方法可以避免 DTPF 始终处于调谐过程，实现了 h 次谐波电流的动态滤波，又提高了 DTPF 稳定性。

4.6 自寻优控制策略

将控制信号 U_k 设为 x，$1I_f$ 设为 y，x 与 y 之间存在某种函数关系：$y = f(x)$，控制器调谐的原理可归结为求解 y 在取得最大值 y_{max} 时对应的最优解 x_{opt}。假设 $y = f(x)$ 的曲线如图 4-11 所示。

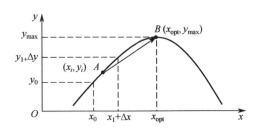

图 4-11　$y = f(x)$ 的曲线图

然而，在 DTPF 的运行过程中，谐波源负载发出的谐波电流会随着工作情况的变化而变化，电网频率有时也会存在波动，系统阻抗有时也会随着负载的工作情况而变化，这就导致了电网中的谐波电流具有随机、时变、非线性的特点。因此，$1I_f$ 随着控制信号变化时的曲线不再具有单峰极值特性，即有可能存在多个极值点。因此，提出了自寻优控制策略。

对于 DTPF 来说，滤波次数 h 和滤波电容器的容量一般是固定不变的，即主要通过调节可变电抗器的电抗值来实现无源动态调谐滤器的调谐。而可变电抗器的阻抗变换主要通过控制晶闸管的触发角 α 来实现，且晶闸管触发角 α 的有效调节范围是[30°,150°]。设 α=30°时，对应的控制信号为 x_0，α=150°时，对应的控制信号为 x_n，则控制信号的变化范围是[x_0, x_n]。

设投入 DTPF 后，其吸收的 h 次谐波电流为 $1I_f$。一般情况下，在某段时间内 $1I_f$ 随着控制信号 x 变化时的大致曲线如图 4-12 所示。

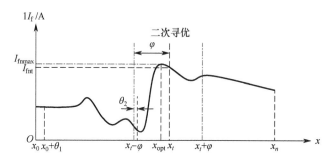

图 4-12　在某段时间内 $1I_f$ 随着控制信号 x 变化时的大致曲线

由图 4-12 可知，$1I_f$ 随着控制信号 x 变化时曲线不具备单峰极值特性，存在多个极值点，同时，由于电网中的谐波电流具有时变、非线性的特点。因此，在寻优方向的确定上，直接采用 x 轴的正方向等步长的方式进行寻优。

为了提高调谐精度，提出"两次寻优法"确定在某段时间内的最优控制信号。在对 DTPF 进行调谐时，首先进行初次寻优，然后根据初次寻优的结果进行二次寻优，得到一个最优工作点，控制器输出该控制信号，从而真正实现了动态调谐滤波器的自动动态调谐滤波，提高了 DTPF 的智能化程度和动态性能。

（1）初次寻优：寻优区间为[x_0, x_n]，寻优步长为 θ_1，即控制信号的初值为 x_0，然后依次递增 θ_1，找出在该步长下使 $1I_f$ 取得最大值的点（x_t, I_{fnt}）。

（2）二次寻优：寻优区间为[$x_t - \varphi$, $x_t + \varphi$]，寻优步长为 θ_2（$\theta_2 < \theta_1$），即控制信号的初值为 $x_t - \varphi$，然后依次递增 θ_2，找出在该步长下使 $1I_f$ 取得最大值的点（x_{opt}, I_{snmax}），该点即为在某段时间内的最优工作点。

在两次寻优法中，初次寻优的步长 θ_1 较大，这样可以用较短时间找到使 $1I_f$ 取得最大值时所对应的工作点（x_t, I_{fnt}）。初次寻优采用的步长较大，该点不一定是最优工作点。因此，另取一个较小的寻优步长 θ_2，以 x_t 为中心，以 φ 为半径，在区间[$x_t - \varphi$, $x_t + \varphi$]上进行二次寻优。这样，既缩短了寻优时间，又提高了寻优精度。

根据某些器件（如模/数转换器的精度、控制器输出数字信号的位数、晶闸管触发板等）决定性能确定寻优步长 θ_1 和 θ_2。一般情况下，只要模/数转换器的精度允许，一般 θ_1 和 θ_2 的取值关系为

$$\theta_2 = (0.1 \sim 0.5)\theta_1 \tag{4-44}$$

两次寻优流程如图 4-13 所示。

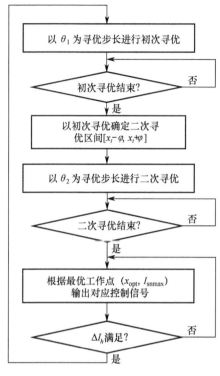

图 4-13　两次寻优流程

4.7 动态调谐滤波器的性能评价指标

根据上述分析可知，动态调谐滤波器具有谐波抑制和节能的双重特性。因此，以谐波电流吸收值为主要技术指标，利用本书理论成果，研制样机或产品，用于谐波治理，验证理论研究结果和谐波治理效果，给出动态调谐滤波器的谐波抑制和节能性能评价指标，以及动态调谐滤波效率。

设 $1I_{s0}$、$1I_{h0}$ 和 $\cos\varphi_0$ 分别表示投入动态调谐滤波器前谐波源测试点的电流有效值、h 次谐波电流值和功率因数；$1I_{s1}$、$1I_{h1}$ 和 $\cos\varphi_1$ 分别表示投入动态调谐滤波器后谐波源测试点的电流有效值、主次谐波电流值和功率因数；I_{SD} 表示动态调谐滤波吸收谐波电流设计值。

4.7.1 抑制性能评价指标

抑制性能评价指标用谐波电流吸收率表示。

动态调谐滤波器的谐波电流吸收率等于动态调谐滤波器吸收的谐波电流与滤波前谐波电流之比，即

$$K_{xs} = \frac{1I_{h0} - 1I_{h1}}{1I_{h0}} \times 100\% \qquad (4\text{-}45)$$

谐波电流吸收率 K_{xs} 表征滤波器对谐波电流的治理效果，值越大，动态调谐滤波器的滤波效果越好。

4.7.2 节能性能评价指标

节能性能评价指标包括电流有效值下降率和功率提升率。

电流有效值下降率等于投入动态调谐滤波器后电流有效值降低值与投入前电流有效值 I_{s0} 之比，即

$$K_{IR} = \frac{1I_{s0} - 1I_{s1}}{1I_{s0}} \times 100\% \qquad (4\text{-}46)$$

功率因数提升率 K_{PH} 等于投入动态调谐滤波器后功率因数增量与投入前功率因数之比，即

$$K_{PH} = \frac{\cos\varphi_1 - \cos\varphi_0}{\cos\varphi_0} \times 100\% \qquad (4\text{-}47)$$

电流有效值下降率 K_{IR} 和功率因数提升率 K_{PH} 表征动态调谐滤波器的节能效果，值越大，节能效果越好。

4.7.3 动态调谐滤波效率评价指标

动态调谐滤波器效率等于动态调谐滤波器吸收谐波电流与设计值 I_{SD} 之比，即

$$K_{xl} = \frac{1I_{h0} - 1I_{h1}}{I_{SD}} \times 100\% \qquad (4\text{-}48)$$

动态调谐滤波器效率 K_{xl} 表征动态调谐滤波器达到设计值的程度，值越大，动态调谐滤波效率越好。

4.8 分布式电力谐波抑制方法

针对谐波源地域分散、谐波电流大或需要对多频次谐波电流治理等问题，需要配置多台动态调谐滤波器的谐波治理，提出分布式电力谐波抑制方法，包括多台动态调谐滤波器配置、分布式电力谐波抑制系统方案和分布式电力谐波抑制方法的实施步骤。

4.8.1 多台动态调谐滤波器配置

根据谐波源数量、谐波电流大小或需要滤除谐波电流的次数等具体情况，综合考

虑初期投资成本、滤波效果和无功补偿等约束条件，确定动态调谐滤波器台数。

1. 单台动态调谐滤波器初期投总资成本

单台动态调谐滤波器的初期投资成本主要由核心部件（滤波电容和电磁耦合滤波电抗器）、机柜、控制系统、辅助材料等的费用构成，其值 F_1 计算如下：

$$F_1 = F_{cc} + F_{ec} + F_{cs} + F_{am} \tag{4-49}$$

式中：F_{cc} 为核心部件滤波电容和电磁耦合滤波电抗器成本（式（5-15）），以需要吸收谐波电流值和谐波次数，采用动态调谐滤波器电气参数优化方法得到最低成本 F_{ccmin}；F_{ec} 为机柜费用；F_{cs} 为控制系统费用；F_{am} 为辅助材料费用。

综合考虑研制成本和实际应用需要，F_{ec}、F_{cs}、F_{am} 分为 5 档，各档费用与需要吸收的谐波电流有关，其关系如表 4-2 所列。

表 4-2 单台动态调谐滤波器各项费用与吸收的谐波电流关系

档 次	需要吸收的谐波电流/A	费用/万元			
		F_{cc}	F_{ec}	F_{cs}	F_{am}
1	<150	式（5-15）	1.6	2.0	0.8
2	151~200	式（5-15）	1.8	2.0	1.2
3	201~250	式（5-15）	2.2	2.0	1.7
4	251~300	式（5-15）	2.8	2.0	2.1

2. 系统无功补偿

投入动态调谐滤波器组成动态调谐电力滤波系统后，要求系统不能欠补偿和过补偿，即

$$\begin{cases} 0.9 \leqslant \cos\varphi < 1 \\ Q_{min} \leqslant \sum_{i=1}^{n} Q_i \leqslant Q_{max} \end{cases} \tag{4-50}$$

3. 谐波电流畸变率

投入动态调谐滤波器后，要求动态调谐电力滤波系统（图 4-1）谐波电流畸变率 THD_i 满足 IEEE 519—1992 标准所要求的畸变率 THD_{imax}，即

$$THD_i \leqslant THD_{imax} \tag{4-51}$$

因此，动态调谐电力滤波系统配置的动态调谐滤波器数量、规格问题，就是在满足一定约束条件下，使得上述最大、最小目标函数达到协调的最优解的搜索问题。

4.8.2 分布式电力谐波抑制系统方案

由 m 台动态调谐滤波器组成的分布式电力谐波抑制系统，由监督计算控制器

(SCC)、电流互感器 TA_0 和谐波采集模块 WD_0、m 条支路电流互感器（1TA, 2TA,…,mTA）、谐波采集模块（1WD, 2WD,…,mWD）和动态调谐滤波器（1DTX, 2DTX,…,mDTX）等构成，其组成框图如图 4-14 所示。

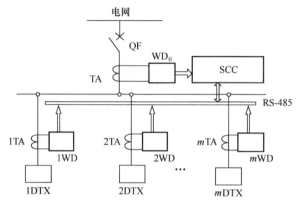

图 4-14 分布式电力谐波抑制系统的组成框图

图 4-14 中，SCC 可以采用可编程逻辑控制器（PLC）或个人计算机（PC）；谐波采集模块采用 WB1831BX15 型谐波采集模块，该器件可采集电网中的各次谐波电流值；m 台动态调谐滤波器并联。

采用 SCC（监督计算控制）+DDC（直接数字控制器）控制系统结构，开发分布式电力谐波抑制系统，根据谐波源谐波电流大小来实时地调整最佳吸收谐波电流给定值 $1I_{hs1}\sim 1I_{hsm}$。

SCC 包含了系统谐波控制的优化目标、谐波预测、滚动优化与通过实时量测反馈校正等 4 个主要环节，考虑了被控对象的动态响应过程，使动态调谐滤波器能准确快速地追踪优化目标值，同时又通过实时量测值进行反馈校正，使预测误差或系统误差得到即时补偿，从而具备了闭环控制的稳健性。

SCC+DDC 最优控制结构图如图 4-15 所示。

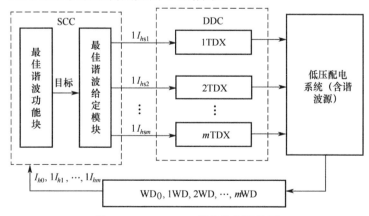

图 4-15 SCC+DDC 最优控制结构图

4.8.3 分布式电力谐波抑制方法的实施步骤

根据分布式电力谐波抑制系统方案，给出分布式电力谐波抑制方法的实施步骤。SCC 通过实施"启动运行、谐波分析、控制判断、优化配置、谐波实时滤除"步骤，达到多点同时动态滤波的目的。

步骤一：启动运行

手动合闸断路器 QF，SCC、谐波采集模块 WD_0 和 m 条支路谐波采集模块 1WD, 2WD,…, mWD 开始运行。

步骤二：谐波分析

电流互感器 TA_0 检测总电流，经谐波采集模块 WD_0 得到总谐波电流 I_{h0}；电流互感器 1TA, 2TA,…, mTA 分别检测 m 条支路电流，经谐波采集模块（1WD, 2WD,…, mWD）得到各支路谐波电流 $1I_{h1}$,…, $1I_{hm}$，通过 RS-485 总线送入 SCC。

步骤三：控制判断

控制器根据谐波电流 I_{h0} 的大小，进行优化控制判断。当吸收的谐波电流达到最佳吸收谐波电流给定值 $1I_{hs1}\sim 1I_{hsm}$ 时，则转入步骤二，否则继续。

步骤四：优化配置策略

SCC 根据谐波电流 $1I_{h1}$,…, $1I_{hm}$ 大小，将吸收谐波电流达到设计能力的支路标志为"0"，否则标志为"1"；对标志为"1"的支路进行滤波容量配置，按最佳吸收谐波电流给定值 $1I_{hsj}$（j 取 1~m）的 120% 进行配置。

步骤五：谐波实时滤除

动态调谐滤波器 1DTX, 2DTX,…, mDTX 分别根据配置各自的滤波容量进行实时滤除谐波电流。

通过以上步骤，采用 m 台动态调谐滤波器能够有效进行动态调谐，滤除谐波电流。

第 5 章　动态调谐滤波器电气参数设计优化方法

本章主要针对动态调谐滤波器电气参数对谐波电流吸收率、调谐性能和成本的影响问题，进行动态调谐滤波器电气参数的优化设计。

在研究中发现，动态调谐滤波器的谐波电流吸收率、调谐性能和成本等，均与电气参数直接相关。滤波电容会影响谐波电流吸收率，关键部件电磁耦合滤波电抗器的电感量调节范围会影响调谐性能；滤波电容和电抗变换器的额定容量会直接影响成本。

因此，可根据谐波源特性和动态调谐滤波器拓扑结构，分析谐波电流吸收系数取值范围，通过试验得到谐波电流关系系数范围。在此基础上，提出滤波电容的容量设计方法和电抗变换器的额定参数设计方法；开发优化系统，并进行优化设计，解决动态调谐滤波器的电气参数优化设计问题。

5.1　电气参数设计方法

电磁耦合滤波电抗器（ECFR）是动态调谐滤波器（DTPF）的核心部件，它是一个阻抗可变、电感量连续可调的电抗器。由图 4-6 得到动态调谐滤波器的简化拓扑结构图，如图 5-1 所示。

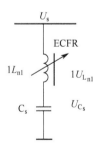

图 5-1　动态调谐滤波器简化拓扑结构

根据谐波源特性和图 5-1 所示的拓扑结构，提出动态调谐滤波器电气参数设计方法，具体如下。

（1）定义：动态调谐滤波器的 h 次谐波电流吸收系数 K_{sh}，表征动态调谐滤波器吸收（滤除）谐波电流的设计能力，分析得到谐波电流吸收系数 K_{sh} 的表达式，确定其取值范围。

（2）通过试验研究，分析动态调谐滤波器吸收滤波电流值与滤波电容器容量的关系，确定关系系数 K_s 的取值范围。

（3）提出滤波电容的容量设计方法。根据需要滤除的谐波源主次谐波电流和 K_{sh}，确定动态调谐滤波器吸收的谐波电流大小，再考虑关系系数 K_s，优化设计出滤波电容器的容量。

（4）提出电抗变换器的额定参数设计方法。根据谐振条件，并考虑工程调节范围，计算电抗变换器电感量；根据吸收的谐波电流值，考虑工程应用要求，计算电抗变换器的额定电流和额定容量。

5.1.1 谐波电流吸收系数

定义：动态调谐滤波器的 h 次谐波电流吸收系数 K_{sh} 等于要求吸收（滤除）的谐波电流与谐波源谐波电流之比。K_{sh} 可表征动态调谐滤波器吸收（滤除）谐波电流的设计能力，是设计动态调谐滤波器电气参数的前提条件。而滤波器评价性能指标中的谐波电流吸收率 K_{xs}（式（4-45））是验证设计能力的指标。通过分析和试验结果，确定谐波电流吸收系数 K_{sh} 取值范围。

图 4-1 所示的动态调谐电力滤波系统的等效滤波电路如图 5-2 所示。

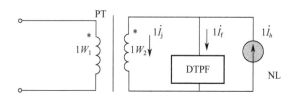

图 5-2　动态调谐电力滤波系统的等效谐波电路

由图 5-2 可得到图 5-3 所示的动态调谐电力滤波系统的稳态谐波模型。

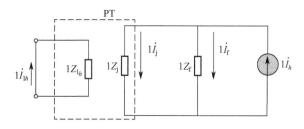

图 5-3　动态调谐电力滤波系统的稳态谐波模型

在图 5-2 和图 5-3 中，$1Z_{1h}$ 和 $1Z_j$ 分别是电力变压器一次侧和二次侧等效阻抗，$1Z_f$ 是动态调谐滤波器的等效阻抗；$1\dot{I}_h$ 和 $1\dot{I}_f$ 分别是谐波源谐波电流和动态调谐滤波器吸收的谐波电流，$1\dot{I}_{1h}$ 和 $1\dot{I}_j$ 分别是流入变压器一次侧和二次侧的谐波电流。

$1\dot{I}_f$、$1\dot{I}_j$、$1\dot{I}_{1h}$ 与 $1\dot{I}_h$ 之间的关系分别如下：

$$\begin{cases} 1\dot{I}_f = \dfrac{1Z_j}{1Z_f + 1Z_j} \times 1\dot{I}_h \\ 1\dot{I}_j = \dfrac{1Z_f}{1Z_f + 1Z_j} \times 1\dot{I}_h \\ 1\dot{I}_{1h} = -\dfrac{N_2}{N_1} \times 1\dot{I}_j = -\dfrac{N_2}{N_1} \dfrac{1Z_j}{1Z_f + 1Z_j} \times 1\dot{I}_h \end{cases} \quad (5\text{-}1)$$

式中：N_1 和 N_2 分别为电力变压器一次侧和二次侧的匝数；$1Z_j$ 和 $1Z_f$ 的值为

$$\begin{cases} 1Z_j = |1R_j + j1X_j| = |1R_j + j\omega_1 h \times 1L_j| \\ 1Z_f = |1R_f + j1X_f| = |1R_f + j\omega_1 h \times 1L_f| \end{cases} \quad (5\text{-}2)$$

由式（5-1）可得到 h 次谐波电流的吸收系数为

$$K_{sh} = \dfrac{1\dot{I}_f}{1\dot{I}_h} = \dfrac{1Z_j}{1Z_f + 1Z_j} \quad (5\text{-}3)$$

此时，h 次谐波电流的谐波影响系数 $1K_h$（见 4.2.1 节）与吸收系数 K_{sh} 的关系为

$$1K_h = \dfrac{-1\dot{I}_{1h}}{1\dot{I}_h} = \dfrac{N_2}{N_1} \dfrac{1Z_j}{1Z_f + 1Z_j} = \dfrac{N_2}{N_1}(1 - K_{sh}) \quad (5\text{-}4)$$

从式（5-1）、式（5-3）和式（5-4），可以得出以下结论。

（1）通过调节 K_{sh} 就可以改变谐波影响系数 $1K_h$，从而改变动态调谐滤波器吸收（滤除）h 次主次谐波电流值。

（2）K_{sh} 越大说明动态调谐滤波器吸收的 h 次谐波电流就越大，此时 $1K_h$ 越小表征注入电网的 h 次谐波电流就越小。

（3）K_{sh} 越小说明动态调谐滤波器吸收的 h 次谐波电流就越小，此时 $1K_h$ 越大表征注入电网的 h 次谐波电流就越小。

（4）当 $K_{sh}=1$ 时，$1K_h=0$，表征注入电网的 h 次谐波电流为 0，此时称动态调谐滤波器全调谐。

在实际应用中，K_{sh} 不可能完全等于 1，其值范围为 $0 < K_{sh} < 1$。

限制 K_{sh} 值大小的主要原因有以下两个方面。

（1）供电电源频率会随着非线性负荷的波动而变。

（2）非线性负载固有谐波和转换谐波。

但是实际应用不需要完全达到，满足谐波治理国家标准即可。根据工程经验，

K_{sh} 一般取值范围在 0.6~0.8 较合理。

5.1.2 谐波电流关系系数

定义：动态调谐滤波器的谐波电流关系系数 K_s 为滤波器吸收（滤除）的谐波电流（A）与滤波电容器容量（kvar）之比。K_s 表征谐波电流吸收值与滤波电容器容量的量化关系。

通过滤波电容器容量对滤波性能的影响试验，分析试验结果确定关系系数 K_s 范围，是滤波电容器容量参数设计依据。

为了进行滤波电容器容量对滤波性能的影响试验，根据图 4-6 构建了动态调谐滤波试验平台。该平台由三相电源系统、动态调谐滤波器和谐波发生器组成，其组成示意图如图 5-4 所示。

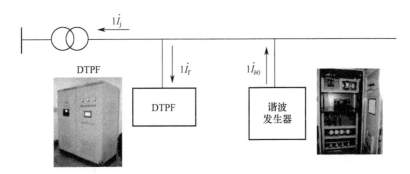

图 5-4　动态调谐滤波试验平台组成示意图

谐波发生器是由有源电力谐波滤波器改装的，主要用于模拟谐波源，向电网中注入不同频次、不同大小的谐波电流；根据试验要求研制了动态调谐滤波器。

根据应用现场测试发现一般变频器和直流变换器产生的 5 次谐波电流分量占整个谐波电流分量的 70%。因此，确定 5 次谐波电流为谐波滤除对象。

本书在动态调谐滤波试验平台上进行了以下试验。

试验（一）：利用谐波发生器向电网中注入大小不同的 5 次谐波电流，保持滤波电容的容量不变，测试获得动态调谐滤波器吸收 5 次谐波电流值的大小。

在本次试验中，设定滤波电容器的容量为 10kvar，通过谐波发生器分别向试验平台电网中注入 7.07A、10.6A、12.73A、17.68A 4 组 5 次谐波电流 $1I_{h0}$（谐波源），分别对动态调谐滤波器进行分组调谐试验，以获取吸收 5 次谐波电流 $1I_f$ 的大小。试验（一）结果数据如表 5-1 所示。

理论上，$1I_f$ 与 $1I_j$ 之和应等于 $1I_{h0}$。但是，由于受电网波动或背景谐波电流的影响，试验中 $1I_f$ 与 $1I_j$ 之和不等于 $1I_{h0}$，存在较小的偏差。表 5-1 所示的 4 种情况 $1I_{h0}$ 与 $1I_f$ 的折线图如图 5-5 所示。

表 5-1 试验（一）结果数据

序 号	谐波源 $1I_{h0}$/A	DTPF 吸收电流 $1I_f$/A	流入变压器二次侧的电流 $1I_j$/A
1	7.07	5.2	1.81
2	10.6	5.84	5.9
3	12.73	6.05	6.4
4	17.68	6.49	10.05

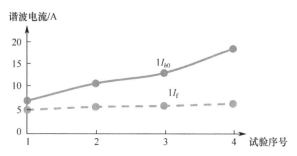

图 5-5 试验（一）4 种情况下 $1I_{h0}$ 与 $1I_f$ 的折线图

试验（一）的结果分析如下。

（1）在滤波电容器容量固定的情况下，动态调谐滤波器的控制信号基本保持不变。这是因为根据动态调谐滤波器的调谐原理，当谐波频率与滤波电容器的电容值均保持不变时，电磁耦合滤波电抗器的电感值也基本保持不变。

（2）由图 5-5 可知，保持滤波电容器的容量不变，逐渐增大注入电网中的 5 次谐波电流，动态调谐滤波器所能吸收的 5 次谐波电流大小逐渐趋于饱和（本次试验中动态调谐滤波器最多吸收 6.5A 左右的 5 次谐波电流）。

（3）针对同一台动态调谐滤波器，在谐波频率与滤波电容器容量保持不变的情况下，动态调谐滤波器的谐波吸收量基本保持不变。

试验（二）：利用谐波发生器向电网中注入相同大小的 5 次谐波电流，改变滤波电容器的容量，测试获得动态调谐滤波器吸收 5 次谐波电流的大小值。

在本次试验中，分别设定滤波电容器的容量为 15kvar、20kvar，利用谐波发生器向电网中注入的 5 次谐波电流 17.68A，改变滤波电容器的容量，观测动态调谐滤波器吸收 5 次谐波电流的大小。

滤波电容器容量 Q_{C_s} 与动态调谐滤波器吸收 h 次滤波电流 $1I_f$ 的关系系数定义为滤波电容器 Q_{C_s} 与 $1I_f$ 之比，用 K_s 表示，其值计算为

$$K_s = \frac{Q_{C_s}}{1I_f} \tag{5-5}$$

试验（二）获得的数据如表 5-2 所示。

表 5-2 试验（二）的结果数据

序 号	Q_{C_s} /kvar	$1I_{h0}$ /A	$1I_f$ /A	$1I_j$ /A	K_s
1	10	17.68	6.49	10.05	1.54
2	15	17.68	9.53	8.27	1.57
3	20	17.68	13.4	4.24	1.49
4	25	17.68	15.72	2.08	1.59

由表 5-2 测试数据分析，可得到 Q_{C_s} 与吸收谐波电流 $1I_f$ 的关系，如图 5-6 所示。

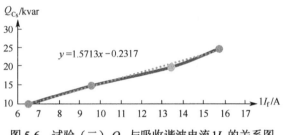

图 5-6 试验（二）Q_{C_s} 与吸收谐波电流 $1I_f$ 的关系图

试验（二）的测试结果表明：在谐波源谐波电流不变的条件下，动态调谐滤波器的 5 次谐波电流吸收量 $1I_f$ 随滤波电容器容量 Q_{C_s} 的增加而增大，基本呈线性关系，关系系数 K_s 约等于 1.57。

5.1.3 挂网试验

为了进一步分析动态调谐滤波器滤波电流吸收值与滤波电容器容量的关系，确定其范围，进行挂网试验。

本书在江南水泥厂配电室对选粉机产生的谐波电流进行了谐波抑制的挂网试验，即试验（三）。

试验（三）：动态调谐滤波器挂网试验（表 7-1 中 1T3）

江南水泥厂配电室配有电源进线柜（AT01）、选粉机柜（AT02）、风机柜和动态调谐滤波器的进线柜（AT03），吸尘器柜（AT04），出料电动机柜（AT05）。与动态调谐滤波器（DTPF）安装电气接线示意图如图 5-7（a）所示。

为了分析配电系统谐波电流含量，使用电能质量分析仪 CA8335 对配电系统母线排进行了谐波测量。其基波电流为 276A，5 次、7 次、11 次、13 次谐波电流分别为 36A、12A、7A、5A；配电系统母线排 5 次谐波电流含量（U 相）$1I_j$ 如图 5-7（b）所示。

配电系统三相电流畸变明显，5 次电流总畸变率为 12.1%，超出国家公用电网谐波标准的要求。因此，在本次挂网试验中，选取 5 次谐波电流为谐波抑制对象，谐波源 5 次谐波电流 $1I_{h0}$ =36A，按谐波电流吸收系数 K_{sh} =0.9 设计动态调谐滤波器。

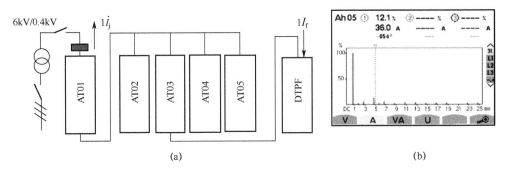

图 5-7 动态调谐滤波器安装电气接线示意图与 5 次谐波电流
(a) 安装电气接线示意图；(b) 5 次谐波电流含量（$1I_j$）。

滤波电容器组设定为 15kvar、20kvar、25kvar、30kvar、35kvar、40kvar 等 6 个容量等级，分别对动态调谐滤波器进行调谐，观察吸收 5 次谐波电流（$1I_f$）的大小。以 U 相为例，切换不同的滤波电容器，投入后的 5 次谐波电流含量如图 5-8 所示。

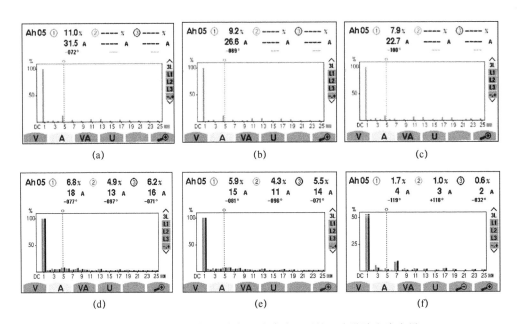

图 5-8 试验（三）投入动态调谐滤波器后的 5 次谐波电流含量
(a) 15kvar；(b) 20kvar；(c) 25kvar；(d) 30kvar；(e) 35kvar；(f) 40kvar。

试验（三）的结果数据如表 5-3 所示。

表 5-3　试验（三）的结果数据（U 相）

Q_{C_s}/kvar	进线侧		$1I_f$/A	谐波电流吸收系数 K_{xs}	关系系数 K_s
	$1I_{h1}$/A	THD_i/%			
15	31.5	11	4.5	0.13	3.33
20	26.6	9.2	9.4	0.26	2.13
25	22.7	7.9	13.3	0.37	1.88
30	18	6.8	18	0.5	1.67
35	15	5.9	21	0.58	1.67
40	4	1.7	32	0.89	1.25
45	22	8.2	14	0.39	3.21

由表 5-3 可以看出，当投入不同容量的电容器时，动态调谐滤波器对 5 次谐波电流的抑制效果不同，当电容容量为 40kvar 时，流入电网母线的 5 次谐波电流为 4A，5 次谐波电流畸变率 THD_i=1.7%，谐波电流吸收系数 K_{xs}=0.89，滤波效果最佳，此时滤波电容器容量 Q_{C_s} 与动态调谐滤波器吸收的 5 次谐波电流 $1I_f$ 的关系系数 K_s 为 1.25。

Q_{C_s} 与 $1I_f$ 的关系图如图 5-9 所示。

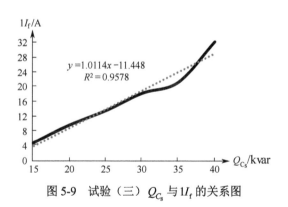

图 5-9　试验（三）Q_{C_s} 与 $1I_f$ 的关系图

根据试验（二）和试验（三）的结果，可以得出以下结论。

（1）动态调谐滤波器吸收的 5 次谐波电流 $1I_f$ 随 Q_{C_s} 的增加而增加，当投入电容容量 Q_{C_s} 为 40kvar 时，$1I_f$ 达到最大值，此时滤波效果最佳。

（2）谐波电流关系系数 K_s 的最佳范围为 1.2~2.2。

（3）动态调谐滤波器具有动态调谐能力：当滤波电容器容量 Q_{C_s} 增加时，容抗 X_{C_s} 减小，为了实现动态调谐，控制信号值相对要增大，电抗变换器的电抗值减小，从而保证动态调谐滤波器始终调谐于谐振频率 250Hz 上，可以有效解决无源滤波器因滤波电容器容量改变而引起的失谐问题。

(4)在谐振频率保持不变的情况下,滤波电容器容量Q_{C_s}决定了动态调谐滤波器的谐波吸收量。

5.1.4 滤波电容的容量设计方法

根据试验(二)和试验(三)研究结论可知,合理选取滤波电容器的容量至关重要,其容量直接影响动态调谐滤波器吸收谐波电流的大小。滤波电容容量计算方法如下。

(1)根据谐波吸收系数K_{sh}(一般取值0.6~0.8)和谐波源电流$1I_{h0}$,确定动态调谐滤波器的吸收谐波电流设计值I_{SD},其计算如下:

$$I_{SD}=K_{sh} \times 1I_{h0} \quad (5-6)$$

(2)根据关系系数K_s(一般取值1.2~2.2)和I_{SD},确定滤波电容器的容量Q_{C_s},并计算出滤波电容C_s。

滤波电容器在额定工作电压U_{C_s}下的容量计算如下:

$$\begin{cases} Q_{C_s} = K_s \times I_{SD} \pm \Delta Q \\ C_s = \dfrac{Q_{C_s}}{2\pi f_h U_{C_s}^2} \end{cases} \quad (5-7)$$

式中:ΔQ为滤波电容器容量的微调量,选取范围为1~5kvar,使C_s的无功量Q_{C_s}的值是5的整数倍,与市面出售的滤波电容器额定参数吻合;C_s是在谐波电流主次谐波频率f_h下的电容量(μF)。

滤波电容器组一般由若干只电容器组合而成,例如:低压电容器一般采用每只容量为5kvar、10kvar、15kvar、20kvar、30kvar,可以任意并联得到较大容量。

5.1.5 电抗变换器的额定参数设计方法

电抗变换器一次电抗绕组额定参数主要包括电感量和加工技术指标。

根据谐振条件$1X_{n1} = X_{C_s}$,并考虑工程调节范围,电抗变换器一次电抗绕组电感$1L_{n1}$(mH)在谐波电流主次谐波频率f_h下的参数计算如下:

$$\begin{cases} L_s = \dfrac{10^9}{(2\pi f_h)^2 C_s}, & \text{谐振条件} \\ 1L_{n1}=K_1 L_s, & \text{考虑工程调节范围} \end{cases} \quad (5-8)$$

式中:L_s为满足串联谐振的滤波电感量(mH);K_1为$1L_{n1}$的选择系数,根据工程应用和经验,K_1的取值范围为1.5~2.0。

根据式(5-6)确定的动态调谐滤波器吸收的h次谐波电流设计值I_{SD},适当

考虑工程应用要求，电抗变换器一次电抗绕组的额定电流为

$$I_{L_{n1}} = K_2 \times I_{SD} \tag{5-9}$$

式中：K_2 为电抗变换器一次电抗绕组的吸收电流系数，根据工程应用经验，K_2 的取值范围为 1.6～2.2。

一次电抗绕组容量计算如下：

$$S_{NL_{n1}} = 3I_{L_{n1}}^2 \times (2\pi f_h \times 1L_{n1}) \tag{5-10}$$

5.2 电气参数遗传优化方法

本节利用遗传算法的全局寻优能力，提出动态调谐滤波器电气参数遗传优化方法，开发动态调谐滤波器的遗传优化系统，设计滤波电容和电磁耦合滤波电抗器的主要电气参数。采用遗传算法对计算滤波电容器容量所需的关系系数 K_s、计算电抗变换器的电感和额定电流所需的选择系数 K_1、吸收电流系数 K_2 进行优化，得出成本最低时所对应的 Q_{C_s}、$1L_{n1}$、$I_{L_{n1}}$ 等参数。

5.2.1 优化目标函数

动态调谐滤波器的初期投资成本主要由核心部件（滤波电容和电磁耦合滤波电抗器）、机柜、控制系统、辅助材料等费用构成。动态调谐滤波器参数由核心部件成本 F_{cc} 进行优化，其值最低为优化目标。

F_{cc} 可按下式计算：

$$F_{cc} = k_L S_{NL_{n1}} + k_c Q_{C_s} \leqslant F_{max} \tag{5-11}$$

式中：$S_{NL_{n1}}$ 和 k_L 分别为电抗变换器的容量（kVA）和单价（元/（kVA））；k_c 是滤波电容器单价（元/kvar）；F_{max} 是初期投资成本的上限。

5.2.2 电气参数优化步骤

利用谢菲尔德（Sheffield）大学的 Matlab 遗传算法工具箱，对动态调谐滤波器参数进行优化设计。动态调谐滤波器电气参数的优化设计流程图如图 5-10 所示。

动态调谐滤波器参数的遗传优化步骤如下。

1. 初始化

设定个体数目、最大遗传代数、变量的维度、变量的二进制位数、代沟、交叉概率、变异概率等参数；代数计数器清零。

2. 创建初始种群

根据最大遗传代数、变量的维度和二进制位数，调用 crtbp 函数创建一元素为随机数的初始种群 Chrom，其大小 y_s 为

$$y_s = y_n \times y_w \times y_b \tag{5-12}$$

式中：y_n、y_w 和 y_b 分别为群中个体的数目、变量的维度和二进制位数。

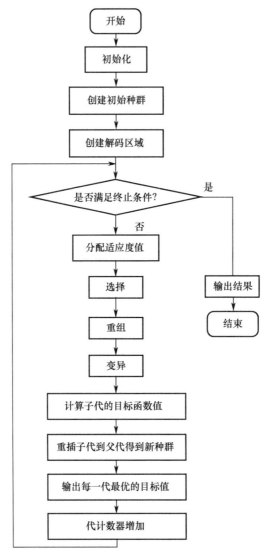

图 5-10 动态调谐滤波器电气参数的优化设计流程图

3. 创建解码区域

解码区域由 K_s、K_1 和 K_2 的上、下限组成。设置二进制字符串的长度 L_{en}、变量[K_s, K_1, K_2]的下限 L_b 和上限 U_b；调用 rep 函数设置变量[K_s, K_1, K_2]的解码规则 Code_scale，从而创建解码区域 FieldD = [L_{en}; L_b; U_b; Code_scale]。

4. 解码二进制字符串

调用 bs2rv 函数，对初始种群 Chrom 进行解码，得到初始种群的二进制字符串 evlaute_strum。

5. 计算初始目标函数值

首先依据目标函数式（5-11），构建评价函数 evlatue_funtion，将 evlaute_strum 和目标函数计算所需参数代入 evlaute_funtion，计算出初始目标函数值 ObjV。

6. 迭代优化参数

步骤1：代数计数器清零。

步骤2：判断满足终止条件，如果满足则输出结果后结束，否则执行以下步骤。

步骤3：调用函数 ranking（ObjV），按照个体的目标值由小到大进行排序，得到分配适应度值 FitnV。

步骤4：调用函数 select（'sus', Chrom, FitnV, GGAP），从种群 Chrom 中选择优良个体，存入新种群中 SelCh_select，GGAP 为代沟中。

步骤5：反复迭代"选择、重组、变异、计算子代的目标函数值、重插子代到父代得到新种群"等运算，直到迭代次数达到最大遗传代数结束。

7. 结果输出

输出最优的目标值，得出最低成本 F_{cc} 对应的 K_s、U_{C_s}、Q_{C_s}、C_s、K_1、K_2、$1L_{n1}$、$S_{NL_{n1}}$ 等参数。

5.2.3 优化结果确定

通过以上动态调谐滤波器电气参数优化，根据优化结果，确定购买滤波电容器组参数、电抗变换器的工艺参数设计技术指标和总成本。

1. 滤波电容器组参数确定

从上面优化得到的成本最低时对应的参数中，根据 U_{C_s}、Q_{C_s} 可以得到滤波电容器组的电压等级和容量。

2. 滤波电容器组参数确定

为了设计电抗变换器的工艺参数（详见 3.1 节），以优化得到的 $1L_{n1}$ 和 $I_{L_{n1}}$ 值为基础，确定电抗变换器的一次电感量下限 L_{n11} 和上限 L_{n12}，一次电抗绕组额定电流 $I_{L_{n1}}$ 和额定容量 S_N 等设计技术指标。

根据动态调谐滤波器的动态调节需要，电抗变换器一次电抗绕组电感量应具有一定的调节范围。考虑电抗变换器加工误差，电抗变换器一次电抗绕组电感量下、上限的确定如下：

$$\begin{cases} L_{n11} = K_{31} \times 1L_{n1} \\ L_{n12} = K_{32} \times 1L_{n1} \end{cases} \quad (5-13)$$

式中：K_{31} 是一次电抗绕组电感量下限调节系数，一般取值 0.92；K_{32} 是一次电抗绕组电感量上限调节系数，一般取值 1.15。

电抗变换器一次电抗绕组加工额定容量取一次电抗绕组电感量上、下限所对应的容量的平均值 S_N 为加工技术指标中的额定容量,即

$$\begin{cases} S_{N1} = 3I_{L_{n1}}^2 \times (2\pi f_h \times L_{n11}) \\ S_{N2} = 3I_{L_{n2}}^2 \times (2\pi f_h \times L_{n12}) \\ S_N = (S_{N1} + S_{N2})/2 \end{cases} \quad (5\text{-}14)$$

3. 总成本确定

根据以上确定的 Q_{C_s} 和 S_N，采用所购置的滤波电容和研制加工的电磁耦合滤波电抗器价格标准，即电容单价为 90 元/kvar，电磁耦合滤波电抗器单价为 273 元/(kVA)，计算总成本：

$$F_{cz} = 273S_{NL_{n1}} + 90Q_{C_s} \quad (5\text{-}15)$$

5.3 动态调谐滤波器参数的遗传优化仿真系统

采用面向对象的程序设计方法（Matlab 中的 GUIDE 工具），开发动态调谐滤波器电气参数的遗传优化仿真系统，主要由谐波源、参数设置（优化参数、GA 参数和单价）、GA 优化、成本每一代最优值和电抗变换器加工电感与容量等模块组成，其主界面如图 5-11 所示。

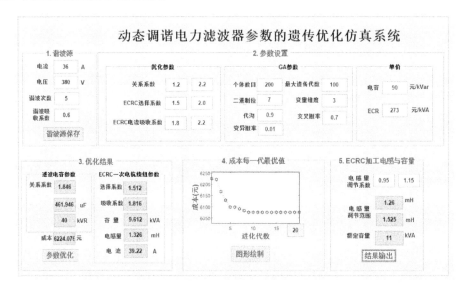

图 5-11 动态调谐滤波器参数的遗传优化仿真系统主界面

图 5-11 中，通过设置"按钮"的 CallBack 功能调用设计的"*.m"程序，完成其设计工作，具体步骤如下：

（1）输入谐波源参数（谐波电流、电压、谐波次数和谐波吸收系数），并单击"谐波源保存"按钮，调用相应的 m 程序，保存谐波源参数。

（2）完成参数设置，包括遗传算法 GA 参数、动态调谐滤波器的电容 C_s 和电抗变换器一次电抗绕组的单位价格。

（3）单击"参数优化"按钮，调用相应的 m 程序，完成动态调谐滤波器电气参数优化设计。

（4）单击"图形绘制"按钮，调用相应的 m 程序显示成本每一代最优值。

（5）单击"结果输出"按钮，调用相应的 m 程序输出结果。

第 6 章 动态调谐滤波器研制

本章分别选取水泥厂、纺织厂和船舶厂为对象，根据实测谐波源参数，应用研究的理论成果，量身定制研制出动态调谐滤波器。本章首先设计动态调谐滤波器的主电路，然后设计电气参数和电抗变换器工艺参数，最后完成控制系统的硬件和软件设计，包括控制系统的总体方案、硬件设计、PLC 的输入/输出通道设计和软件设计、MCGS 组态软件设计、PLC 与 MCGS 的通信设计等。

6.1 动态调谐滤波器的主电路设计

根据动态调谐滤波器的拓扑结构（图 4-6），为同时实现滤波电容器组能够分级投切和电磁耦合滤波电抗器无级可调的目的，设计动态调谐滤波器的主电路。电磁耦合滤波电抗器的一次、二次绕组电压等级不同，该系统主电路由 DTPF 一次绕组电路和二次绕组电路两部分组成。DTPF 一次绕组电路如图 6-1 所示。

图 6-1 中，U、V、W 和 N 代表三相四线制低压电网系统电源，电压等级为 380V。同时引出 L01、L02、L03 的操作电源，为操作回路电路提供电源，L04、L05 的辅助电源用于为控制器提供单相电源。各电源分别由空气断路器 Q01、Q02、Q03 连接。

图 6-1 中，KM0 作为 DTPF 的启动接触器，直接用于接通滤波回路，在 DTPF 正常运行过程中保持常闭状态。KM1、KM2、KM3、KM4 作为滤波电容选择接触器，用于选择选择投入电容容量，控制器可以根据具体滤波要求选择合适的电容容量进行投切。RF0 作为低压熔断器，为控制面板电压表 U01 提供过流保护；1RF1~1RF12 分别为三组滤波电容器组 C1、C2、C3、C4 的保护熔断器，对电容器组起到保护作用。1TA0~1TA3 为电流互感器。其中，1TA0 用于采集一路电流信号，将信号传到控制面板的电流表 PA1；1TA1~1TA3 用于采集三相电流信号，分别用于接到电量采集模块的输入引脚 F01、F02、F03；各电流互感器一端接于公共地，防止电流互感器使用中产生高压，损坏电流表或电量采集模块。

DTPF 二次绕组电路如图 6-2 所示。

图 6-2 中，采用二次侧为三相反并联晶闸管作为电力电子变换器，其中 V1~V6 分别为 6 只反并联晶闸管，其触发相位依次滞后 60°，从而保证在改变每只晶闸管的导通角时在正负半周内产生的电流波形对称；2RF1~2RF3 分别为三相绕组

的保护熔断器，用于保护二次回路。R1~R3、C01~C03 为吸收保护电路，用于抑制晶闸管通断产生的浪涌电流；RV1、RV2、RV3 为三只压敏电阻，用于保护晶闸管通断产生的过电压；2TA 为电流互感器，输出端一端接公共地，用于采集一路二次绕组电流信号，并将信号传至控制面板电流表 PA2。

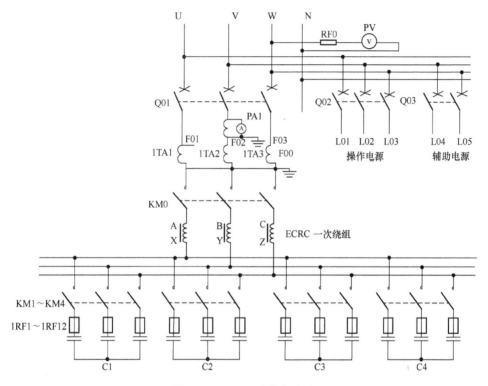

图 6-1　DTPF 一次绕组电路

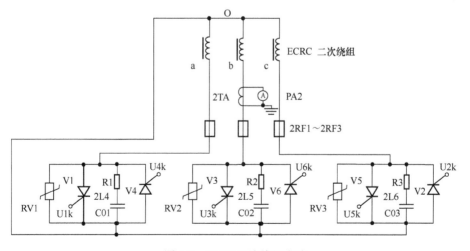

图 6-2　DTPF 二次绕组电路

6.2 电气参数设计与优化实例

本节主要内容包括：设置谐波源参数，仿真优化得到总成本最低条件下的动态调谐滤波器电气参数、滤波电容器和电抗变换器电气参数。

6.2.1 谐波源与优化参数设置

选取本书试验和工程应用实例中需要抑制的谐波电流为实例对象，设置谐波源参数。谐波源参数设置如表 6-1 所示。

表 6-1 谐波源参数设置

编号	I_{s0}/A	U_s/V	h	K_{sh}	I_{SD}/A	试验类别	章节安排
1T3	36	380	5	0.60	21.6	挂网试验	5.1.3
1EA1	229.8	380	5	0.60	137.8	实例（一）	7.3
1EA2	103	380	5	0.60	61.8	实例（二）	7.4
1EA3	31	380	5	0.60	18.6	实例（三）	7.6

设置的优化参数如下。

（1）优化参数：关系系数 K_s 取值范围为 1.2~2.2，电抗变换器选择系数 K_1 范围为 1.8~2.2，谐波吸收系数 K_2 范围为 1.6~2.2。

（2）GA 参数：个体数目 200，最大遗传代数 100，二进制 7 位，变量维度 3，代沟 0.9，交叉率 0.7，变异概率 0.01。

（3）单价：采用导师课题组所购置的滤波电容和研制加工的电磁耦合滤波电抗器价格标准，即电容单价为 90 元/kvar，电磁耦合滤波电抗器单价为 273 元/（kVA）。

6.2.2 参数优化结果

对应 6.2.1 节的谐波源参数和优化参数，动态调谐滤波器电气参数优化结果如表 6-2 所示，遗传进化图如图 6-3 所示。

表 6-2 动态调谐滤波器电气参数优化结果

编号	滤波电容器组参数				ECRC 一次电抗绕组参数					F_{cc}/元
	K_s	U_{C_s}/V	Q_{C_s}/kvar	C_s/μF	k_1	k_2	$1L_{n1}$/mH	$I_{L_{n1}}$/A	S_{NLn1}/（kVA）	
1T3	1.846	525	40	461.946	1.512	1.816	1.326	39.22	9.612	6224
1EA1	1.68	525	235	2713.94	1.508	1.81	0.23	249.05	65.77	39104
1EA2	1.712	525	110	1270.352	1.5	1.809	0.479	111.82	28.23	17606
1EA3	1.712	525	35	404.203	1.504	1.809	1.508	33.656	8.049	5347

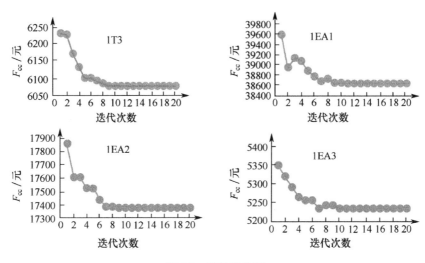

图 6-3 遗传进化图

6.2.3 参数优化结果输出

采用动态调谐滤波器电气参数优化结果确定方法，根据表 6-2 中的数据，得到表 6-3 所示的参数优化结果。

表 6-3 动态调谐滤波器电气参数优化结果输出

编 号	$1I_f$ /A	Q_{C_s} /kvar	电抗变换器参数			S_N /(kVA)	F_{cz} /元
			$1L_{n11}$ /mH	$1L_{n12}$ /mH	$I_{L_{n1}}$ /A		
1T3	21.6	40	1.26	1.525	39.22	11	6603
1EA1	137.4	235	0.214	0.259	249.05	76	41898
1EA2	61.8	110	0.455	0.551	111.82	32	18636
1EA3	18.6	35	1.433	1.734	33.656	9	5607

6.2.4 电气参数快速估算

根据表 6-1 和表 6-3 数据，采用数据拟合方法得出成本、滤波电容容量、电抗变换器参数（额定电流、电感量范围、额定容量）与吸收谐波电流的关系，构建电气参数与谐波电流关系模型，可快速估算成本和参数。总成本 F_{cz}、滤波电容的容量 Q_{C_s}、电抗变换器的额定容量 S_N、电感下限 $1L_{n11}$、电感上限 $1L_{n12}$ 和额定电流 $I_{L_{n1}}$ 等与吸收电流 $1I_f$ 的关系曲线如图 6-4 所示。

根据图 6-4 可以构建动态调谐滤波器参数与吸收电流关系模型，即

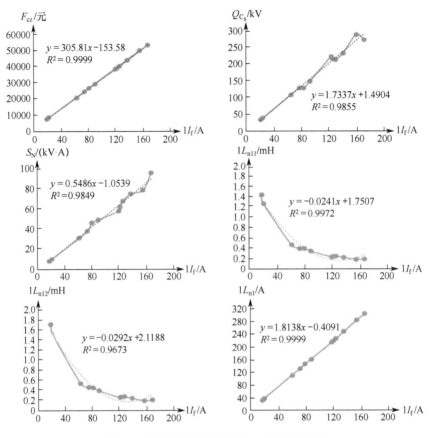

图 6-4 电气参数与吸收电流 $1I_f$ 的关系曲线

$$\begin{bmatrix} F_{cc} \\ Q_{C_s} \\ S_N \\ 1L_{n11} \\ 1L_{n12} \\ I_{L_{n1}} \end{bmatrix} = \begin{bmatrix} 0 & 305.81 & -153.58 \\ 0 & 1.7337 & 1.4904 \\ 0 & 0.5486 & -1.0539 \\ 9\times10^{-5} & -0.0241 & 1.7507 \\ 1\times10^{-4} & -0.0292 & 2.1188 \\ 0 & 1.8138 & -0.4091 \end{bmatrix} \times \begin{bmatrix} 1I_f^2 \\ 1I_f \\ 1 \end{bmatrix} \quad (6\text{-}1)$$

根据需要吸收（滤除）谐波电流，用式（6-1）可以快速估算出动态调谐滤波器参数。

6.3 电抗变换器工艺参数设计实例

根据电抗变换器设计技术指标，设置设计参数，得到电抗变换器工艺参数。

6.3.1 设计技术指标

以表 6-3 中的相关结果为基础，得到表 6-4 所示的设计技术指标。

表 6-4 电抗变换器的设计技术指标

编号	S_N /(kVA)	f_h /Hz	电感量/mH		$I_{L_{n1}}$ /A	匝数比 k	备注
			$1L_{n11}$	$1L_{n12}$			
1T3	11	250	1.26	1.525	39.22	4	试验（三）
1EA1	76	250	0.214	0.259	249.05	4	实例（一）
1EA2	32	250	0.455	0.551	111.82	4	实例（二）
1EA3	9	250	1.433	1.734	33.656	4	实例（三）

6.3.2 设计参数设置

（1）铁芯直径与绕组匝数比设计参数：铁芯柱数 Z 取 3，铁芯直径经验系数 k_D 取 55，调节系数 k_{sj} 取 1.2；α_2 叠片工艺系数 α_1 取 0.95；毛截面系数 α_2 取 0.91；磁通密度 β_0 取 14kgs。

（2）绕组高度与铁芯窗高设计参数：上下绝缘距离标准 L_{sxjy} 取 15mm，一次电抗绕组缠绕层数 δ_1 取 2，一次电抗绕组缠绕层数 δ_2 取 4；电流密度 1.5～2.5A/mm²（干式），3.5～4.5A/mm²（油浸式）可适当设置。

（3）电抗绕组长度设计参数：间隙度 σ 取 5mm；单层绝缘厚度 B_{jy} 取 1.2mm；一次电抗绕组幅向缠绕裕度 ρ_{jcy1} 取 1.15，二次电抗绕组幅向缠绕裕度 ρ_{jcy2} 取 1.12；一次电抗绕组高缠绕线圈裕度 ρ_{cr1} 取 15mm，二次电抗控制绕组高缠绕线圈裕度 ρ_{cr2} 取 15mm；一次主绝缘 L_{jyc1} 和二次主绝缘 L_{jyc2} 均取 9mm；一次电抗绕组出线长度 L_{10} 和二次电抗控制绕组的出线长度 L_{20} 均取 1m（每边出线 0.5m）。

（4）绕组直径与铁芯中心柱绝缘半径设计参数：相间空隙 ρ_x 取 12mm。

（5）电抗变换器重量设计参数：总重量调节系数 x_G 取 1.05。

6.3.3 工艺参数设计结果

以表 6-4 中数据为电抗变换器的设计技术指标，采用电抗变换器工艺参数设计仿真系统（见图 3-7），得到电抗变换器的工艺参数结果，主要包括电抗变换器总重量、安装参数、绕组工艺参数，分别如表 6-5～表 6-7 所示。

表 6-5 电抗变换器总重量的仿真结果

编号	绕组重量/kg		角重量 G_j /kg	上下轭重量 G_e /kg	铁芯柱重量 G_x /kg	铁芯总重 G_{xz} /kg	ECRC 总重量 G_z /kg
	G_1	G_2					
1T3	16.59	18.94	6.10	39.89	36.23	82.22	123.64

（续）

编号	绕组重量/kg		角重量 G_j /kg	上下轭重量 G_e /kg	铁芯柱重量 G_x /kg	铁芯总重 G_{xz} /kg	ECRC总重量 G_z /kg
	G_1	G_2					
1EA1	60.75	24.69	30.80	164.80	63.91	259.51	362.20
1EA2	64.20	33.88	15.40	98.06	42.96	156.42	267.23
1EA3	13.75	18.57	6.10	39.89	35.60	81.59	119.61

表6-6 电抗变换器的安装参数

编号	D /mm	D_{12} /mm	r_0 /mm	H_{xqs} /mm	H_W /mm	r_{in} /mm	上下绝缘距离/mm		绕组幅向尺寸/mm		类型	绕线方式	缠绕方式	
							$L_{u1}(L_{d1})$	$L_{u2}(L_{d2})$	L_{HX1}	L_{HX2}			一次	二次
1T3	90	180	192	257	287	50	33	15	9	14	1	2	1	1
1EA1	150	270	282	152	182	80	34	15	21	18	2	2	2	1
1EA2	120	250	262	161	191	65	15	20	21	19	1	2	2	1
1EA3	90	180	192	252	282	50	38	15	9	14	1	2	1	1

说明：电抗变换器类型，"1"表示干式，"2"表示油浸式；缠绕方式，"1"表示"单导线缠绕"，"2"表示"双导线并绕"；绕线方式，"1"表示"缠绕方式Ⅰ（一次电抗绕组在内圈）"，"2"表示"缠绕方式Ⅱ（二次电抗控制绕组在内圈）"。

表6-7 绕组工艺参数

编号	匝数		绕线层数		导线编号		绕组幅向尺寸/mm		层间绝缘厚度/mm		绕组高度/mm		绕组长度/m	
	W_1	W_2	δ_1	δ_2	一次	二次	L_{HX1}	L_{HX2}	L_{Hjy1}	L_{Hjy2}	H_{xq1}	H_{xq2}	L_1	L_2
1T3	50	200	2	4	5	1	9	14	1.2	3.6	222	257	29.59	92.73
1EA1	19	76	2	4	7	4	21	18	1.2	3.6	114	152	33.71	52.09
1EA2	29	116	2	4	7	4	21	18	1.2	3.6	161	152	35.62	90.65
1EA3	49	196	2	4	4	1	9	14	1.2	3.6	206	252	29.02	90.90

说明："导线编号"与表3-1中导线编号对应，查表3-1可得出扁铜线SBZB-0.4规格尺寸。

6.3.4 工艺参数提取

以编号1T3为例，谐波源5次谐波电流36A，电压380V，吸收电流21.6A，电抗变换器工艺参数提取如下。

1. 由表6-3可得到电抗变换器加工技术指标

容量S_N为11kVA，一次电抗绕组额定电流$I_{L_{n1}}$为39.22A，电感为1.26(L_{n11})~1.525mH(L_{n12})。

2. 由6.3.2节的设计参数和表6-6得到电抗变换器安装参数

（1）电抗变换器类型：干式。

（2）绕线方式：先绕一次电抗绕组，再绕二次电抗控制绕组。

(3) 缠绕方式：一次电抗绕组和二次电抗控制绕组均采用单导线缠绕。

(4) 相间空隙 ρ_x 为 12mm，一次主绝缘 L_{jyc1} 为 9mm，二次主绝缘 L_{jyc2} 为 9mm。

(5) 铁芯直径 D 为 90mm，绕组直径 D_{12} 为 180mm，铁芯中心柱绝缘半径 r_0 为 192mm，绕组高度 H_{xqs} 为 257mm，铁芯窗高 H_W 为 287mm，内绕组半径 r_{in} 为 50mm，一次电抗绕组上下绝缘距离 $L_{u1}(L_{d1})$ 为 33mm，二次电抗控制绕组上下绝缘距离 $L_{u2}(L_{d2})$ 为 15mm，一次电抗绕组幅向尺寸 L_{HX1} 为 9mm，二次电抗控制绕组幅向尺寸 L_{HX2} 为 14mm。

3. 由 6.3.2 节的设计参数和表 6-7 得到电抗变换器一次电抗绕组工艺参数

(1) 匝数 50，绕线 2 层，绕组幅向尺寸 9mm，层间绝缘厚度 1.2mm（4 张 0.3mm 厚度的绝缘纸）；绕组高度 222mm，出线长度 1m（每边出线 0.5m），总长度 29.56m。

(2) 扁铜线 SBZB-0.4：裸导线厚度 2.8mm，宽度 7.5mm；带绝缘的导线厚度 3.25mm，宽度 7.95mm；截面积 21mm^2。

4. 由 6.3.2 节的设计参数和表 6-7 得到电抗变换器二次电抗控制绕组工艺参数

(1) 扁铜线 SBZB-0.4：裸导线厚度 1.5mm，宽度 4.5mm；带绝缘的导线厚度 2.1mm，宽度 5mm；截面积 7.65mm^2。

(2) 匝数 200，绕线 4 层，绕组幅向尺寸 14mm，层间绝缘厚度 1.2mm（4 张 0.3mm 厚度的绝缘纸）；绕组高度 257mm，出线长度 1m（每边出线 0.5m），总长度 92.73m。

5. 由表 6-5 得到电抗变换器中重量参数

一次电抗绕组重量（铜）G_1 为 16.59kg，二次电抗控制绕组重量（铜）G_2 为 18.94kg，铁芯柱总重量（铁）G_{xz} 为 82.22kg，角重量 G_j 为 6.10kg，取最大片宽 50mm 时上下轭重量 G_e 为 39.89kg，铁芯柱重量 G_x 为 36.23kg，电抗变换器总重量 G_z 为 123.64kg。

由上述结果，得出 1T3 工程应用实例的电抗变换器的安装参数、一次电抗绕组和二次电抗控制绕组的幅向尺寸、铁芯窗高等，示意图分别如图 6-5～图 6-7 所示。

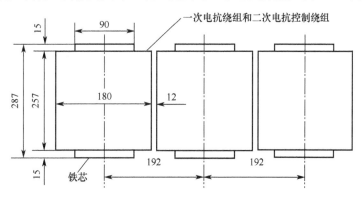

图 6-5　电抗变换器的安装参数示意图（1T3）

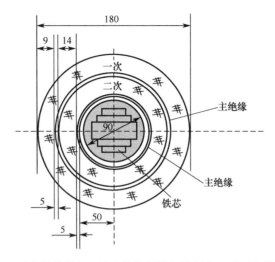

图 6-6 一次电抗绕组和二次电抗控制绕组的幅向尺寸示意图（1T3）

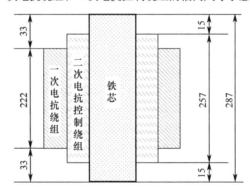

图 6-7 铁芯窗高示意图（1T3）

6.4 控制系统的方案设计

根据动态调谐滤波器的拓扑结构（图 4-6），控制系统由控制器、触发板（PTB）、谐波采集模块（WD）、触摸屏（TS）等组成。控制器为主站，两个 RS485 串行口通过 Modbus 通信协议分别与 TS、WD 进行通信。在滤波器投入使用时，控制系统通过电压互感器、电流互感器将滤波支路中电压、电流信号传送至 WD，经过计算得出各相次电流谐波含量，并将这些数据送到控制器；控制器经过分析与综合，采用相应的滤波算法，输出开关量信号控制中间继电器组投切滤波电容容量；通过 D/A 模块输出控制信号（PTB 的晶闸管触发脉冲信号），改变触发脉冲导通角，控制电磁耦合滤波电抗器二次侧阻抗，从而改变电磁耦合滤波电抗器一次侧电感大小，使滤波支路中 h 次谐波电流有效值达到最大，即滤波支路处于谐振状态。

1. 控制器的选择

控制器是控制系统的核心部件。在实际应用过程中，由于使用环境的不同，一般选用微处理器控制方案或 PLC 控制方案。微处理器具有成本低廉、控制策略灵活等优点，但其模块化程度较低、抗干扰性能不高。PLC 作为工业控制领域的主流控制设备，抗干扰能力强、可靠性高、模块化程度高。本书考虑的应用对象是水泥厂、造纸厂等工业现场，其控制室温度高、粉尘大，巡检率低，从操作人员维护方便等原因考虑，选用 PLC 作为动态调谐滤波器的控制器。采用 S7-200 CPU226 作为主控制器，拥有 24 路输入点、16 路输出点；可扩展 7 个模块；8KB 用户程序存储器；内置 6 个 30kHz 的高速计数器；具有 PID 控制器的功能；2 个高速脉冲输出端和 2 个 RS485 通信口；具有 PPI 通信协议、MPI 通信协议和自由口通信协议的通信能力。本系统中连接了 EM235 作为扩展模块，EM235 有 4 路模拟量输入和 1 路模拟量输出通道。

2. 谐波采集模块的选择

本系统中谐波采集模块要满足如下要求：谐波采集模块能同时采集电路中三相电压、电流信号，并能分析得到 13 次以内谐波电压、电流信号；谐波采集模块能够与 PLC 系统进行串口通信，将采集信号送入 PLC 进行实时控制，响应时间不应超过 1s；谐波采集模块的抗干扰能力强，在工厂环境下能够长期正常工作。因此，本书采用绵阳市维博电子有限责任公司生产的智能电量变送器 WB1831BX5。其使用高速 DSP 和 MCU 控制器，能够高速采集三相四线制电路的三相电压、电流、功率等信号，并能计算出 31 次以内各相谐波电流有效值；产品采用 24V 直流电源供电，使用环境温度在−25~+70℃，采集模块的数据更新时间为 60ms；谐波电压、电流的准确度等级为 31 次 B 级（GB/T 14549−93）。

3. 触摸屏的选择

为方便巡检工作人员，控制系统需要人机交互界面完成直观的显示和操作功能。交互界面需能进行串口通信，完成三相谐波信号的显示、故障报警、参数设置等功能，并满足存储容量的要求，能够在工厂环境下长期正常工作。因此，采用北京昆仑通态生产的 TPC7062K 嵌入式一体化触摸屏。其配置 ARM9 内核、400MB 主频、64MB 内存，抗干扰性能达到工业 3 级标准，组态系统自带西门子 S7-200 设备 PPI 通信驱动，方便与 S7-200PLC 进行数据交互。

6.5 控制系统硬件设计

动态调谐滤波器的控制系统硬件设计包括系统的操作回路、触发电路和谐波采集模块电路等，根据电路设计完成控制系统元件的选型，最后对 PLC 的输入输出通道进行分配。

6.5.1 操作回路设计

在动态调谐滤波器正常使用的情况下，通常要求主接触器能 KM0 一直处于接通状态。因此，对 KM0 采用由按钮控制的启动保持、停止电路；而滤波电容 C1～C4 的投切，由 PLC 程序控制，对 KM1～KM4 控制采用由中间继电器和 PLC 输出点组成。操作回路电气连接图如图 6-8 所示。

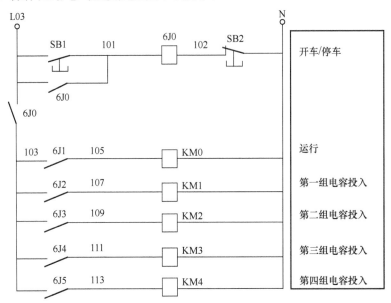

图 6-8 操作回路电气连接图

图 6-8 中，启动按钮 SB1、停止按钮 SB2 位于控制面板。当按下 SB1 后，操作电源给中间继电器 6J0 线圈供电，从而继电器 6J0 的常开触点闭合并自锁，使得操作回路得电；按下 SB2 后，J0 线圈失电，操作回路断开。6J1～6J5 为中间继电器的辅助线圈，由 PLC 开关量输出控制，控制各交流接触器的通断。

此外，控制面板还需安装相应的信号指示灯，操作人员能够通过信号灯直观地了解系统的运行状况。本系统的信号指示灯包括开车指示灯、故障报警指示灯、调试指示灯、运行指示灯、各组电容投入指示灯。信号指示灯电气连接图如图 6-9 所示。

所使用指示灯均为 220V 交流指示灯，通过操作回路电源 103 供电。开车指示灯由继电器 6J0 控制，按下开车按钮指示灯 HL1 亮；故障信号由 PLC 软件控制，发生故障时控制继电器 6J6 得电，相应声光报警指示灯 BJ 闪烁，并发出报警指示；调试指示灯 HL2 用于指示在主回路空气断路器断开情况下，测试各交流接触器及相关输出操作是否正常，由继电器 6J7 控制；此外，各组交流接触器 KM0～KM4 的投入状态分别通过指示灯 HL3～HL7 显示于控制面板上。

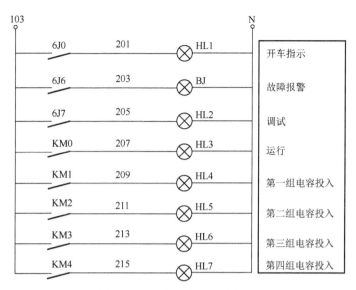

图 6-9 信号指示灯电气连接图

柜内照明电路使用 220VAC 供电,采用熔断器 3RF2 做短路保护,通过接近开关 QS 控制,柜开门时机柜灯点亮;散热电路采用使用风机散热,采用熔断器 3RF1 做短路保护;谐波采集装置和触摸屏的供电电压均为 24V 直流电源。将辅助电源经过 380V/220V 隔离变压器 6B 后,得到的电源接入 220VAC/24VDC 直流稳压电源 6G2 便可得到所需直流电压,开关电源型号为 S-100-24,电源输出通过熔断器 6RF 进行保护。

照明、风扇、直流电源电路如图 6-10 所示。

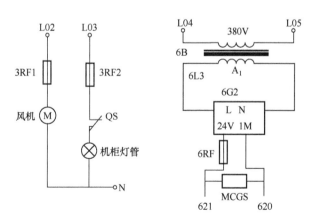

图 6-10 照明、风扇、直流电源电路

6.5.2 谐波采集电路设计

谐波采集模块 WB1831B35 的主芯片采用 TMS320F2812 微处理器,将三相电压、电流信号通过信号调理电路后送入 A/D 转换芯片，在锁相环同步和频率采样电路的控制下，将转换得到的数字信号送入 DSP 进行信号分析与处理，得到谐波电流数据，通过串行通信设备送至控制或显示设备。谐波采集模块的硬件组成框图如图 6-11 所示。

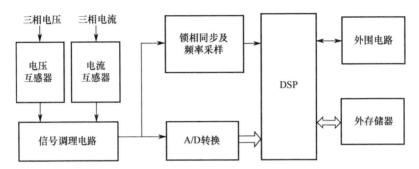

图 6-11 谐波采集模块的硬件组成框图

谐波采集模块 WB1831B35 的接线图如图 6-12 所示。

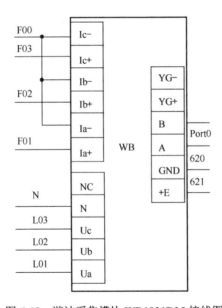

图 6-12 谐波采集模块 WB1831B35 接线图

谐波采集模块采用 24V 直流电供电，由开关电源提供，接线端为+E、GND。Ia+、Ia−、Ib+、Ib−、Ic+、Ic−分别接主回路中电流互感器输出端，F00 为公共端。Ua、Ub、Uc、N 为交流电压输入端，用于检测电路中的电压。A、B 为串口通信端，这里与 PLC 进行连接。

6.5.3 脉冲触发电路设计

根据控制系统方案设计的要求，需要设计脉冲触发电路来驱动反并联晶闸管，通过 PLC 输出模拟量控制触发板产生 6 路移相角互差 60°移相脉冲。

采用触发板型号为 KSC6M-1，该触发板采用相控触发方式调节占空比，通过脉冲变压器产生双窄脉冲为晶闸管门极控制脉冲电压。该脉冲触发器脉冲宽度为 20°双窄脉冲，触发脉冲电压为 10V，脉冲移相范围为 0°～150°。

触发板由 5T1、5T2、5T3 提供三相交流同步电源，电压器连接方式为△/Y-11，变压器输出为 18V/0.3A，用于保证晶闸管脉冲相序不会混乱。变压器 5T4 双绕组输出电压，一路为 18V/0.5A 触发电源，用于产生触发脉冲；另一路为双 18V/0.5A 工作电源，为触发板提供电源。主交流接触器 KM0 的常开触点控制脉冲触发板的启动信号，当滤波支路运行时，脉冲触发板解锁。Z32、Z14 为触发板控制信号，通过 EM235 的给定电压调节。X1～X6 为脉冲输出端，分别为 6 只晶闸管门极提供脉冲电压输出。

触发板 KSC6M-1 接线图如图 6-13 所示。

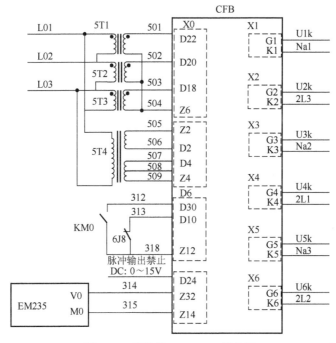

图 6-13 触发板 KSC6M-1 接线图

6.6 PLC 的输入/输出通道设计

对 PLC 输入/输出元件分配应该遵循的原则是方便查找和阅读。因此，本节采用按同一类型集中编号、按操作顺序先后依次编号的方式进行设计。

6.6.1 PLC 的开关量输入通道设计

PLC 开关量输入通道用于接收互用设备的各种控制信号,并通过接口电路将这些信号转换成中央处理器能够识别和处理的信号,存至输入映像寄存器。开关量输出共有 10 路。其中,按钮状态输入点 4 个,设备运行状态输入点 6 个。

PLC 开关量输入通道分配与外引接线图如图 6-14 所示。

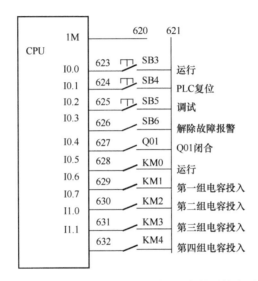

图 6-14 PLC 开关量输入通道分配与外引接线图

6.6.2 PLC 的开关量输出通道设计

PLC 的开关量输出通道用于将处理后放到输出映像寄存器的信号和弱电控制信号转换成现场需要的强电信号输出,驱动执行元件工作。开关量输出点数有 7 路,另有 2 路备用输出点。

PLC 开关量输出通道分配与外引接线图如图 6-15 所示。

开关量输出通道电源为+220V 交流电源,由操作电源经过滤波器 6LBQ 提供。当程序控制 Q0.0 输出时,中间继电器 6J1 线圈得电,通过 6J1 常开触点闭合控制主交流接触器 KM0 线圈得电,KM0 闭合;当系统检测到系统故障时,通过 Q0.1 控制继电器 6J2 线圈得电,从而触发声光报警器;Q0.3 控制触发板脉冲解锁信号的输出;Q0.3、Q0.4、Q0.5、Q0.6 分别控制中间继电器 6J4、6J5、6J6、6J7 线圈,通过继电器触点分别控制交流接触器 KM1、KM2、KM3、KM4,实现滤波电容投切;Q0.7、Q1.0 为备用信号,方便系统日后扩展之用。

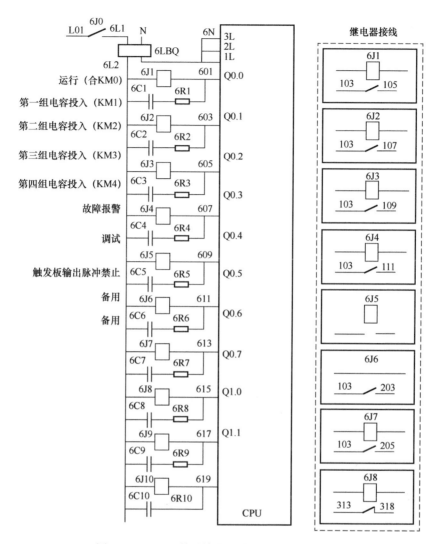

图 6-15 PLC 开关量输出通道分配与外引接线图

6.6.3 PLC 的模拟量输出通道设计

本设计选用的 S7-200 CPU226 控制器自身不带模拟量输出通道,而在脉冲触发电路设计中需要产生 0~5V 可调控制电压,故选用特殊功能模块 EM235 作为扩展模块。EM235 采用 24V 直流电源供电,拥有 4 路电流/电压输入通道和 1 路电流电压输出通道,12 位的精度等级。

EM235 与 PLC 的接口电路如图 6-16 所示。

EM235 通过 DIP 开关设置模拟量的输出范围和分辨率,EM235 配置开关表如表 6-8 所示。

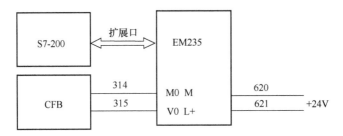

图 6-16 EM235 与 PLC 的接口电路

表 6-8 EM235 配置开关表

单 极 性						满量程输入/mV	分辨率/μV
SW1	SW2	SW3	SW4	SW5	SW6		
On	Off	Off	On	Off	On	0～50	12.5
Off	On	Off	On	Off	On	0～100	25
On	Off	Off	Off	On	On	0～500	125
Off	On	Off	Off	On	On	0～1	250
On	Off	Off	Off	Off	On	0～5	1.25
On	Off	Off	Off	Off	On	0～20	5
Off	On	Off	Off	Off	On	0～10	2.5

根据触发板对电压的设置要求，选择单极性，满量程输入范围为 0～5V，分辨率为 1.25mV 的输入格式，即 SW1～SW6=100001（1 代表 On，0 代表 Off）。而对应的 PLC 程序中数字量输入范围 0～16000。

模拟量电压输入满足关系式：

$$y = \frac{1}{3200}x \qquad (6-2)$$

式中：y 是输出电压；x 是数字量。

6.7 PLC 控制系统软件程序设计

本系统采用西门子 S7-200PLC，使用 STEP7-MicroWIN 编程软件进行编程。首先设计程序功能模块，其次根据项目需要以及硬件电路，设计程序中所有的符号表，最后完成各功能模块的设计。

6.7.1 程序功能设计

控制程序由西门子 S7-200 PLC 编制而成，程序主要完成对操作指令的输出、参数的采集和监测、模拟量的输出等功能。程序包括主程序、子程序和中断程序。主程序在程序的主体中放置控制应用指令，主程序中的指令按顺序在 CPU 的每个扫描周期执行一次；子程序当主程序调用时才能被执行。

程序主要由主程序、初始化、故障与报警、Modbus 通信程序等子程序和自寻优中断程序等功能块组成，如表 6-9 所示。

表 6-9 梯形图程序功能块

序 号	符 号	地 址	备 注
1	程序块	OB1	主程序
2	初始化	SBR0	初始化子程序
3	故障与报警	SBR1	故障与报警子程序
4	Modbus	SBR2	谐波分析子程序
5	Modbus2	SBR6	电网检测子程序
6	自寻优中断程序	INT_1	自寻优中断程序

6.7.2 符号表的设计

本程序的符号表包含位存储器、变量存储器、定时器计数器存储区。

1. 位存储区符号表

本程序中所使用的位存储区符号有 15 个，具体如表 6-10 所示。

表 6-10 位存储区符号表

序 号	符 号	地 址	序 号	符 号	地 址
1	上电延时 2s	M0.0	9	通信地址转换	M2.0
2	运行状态	M0.1	10	Modbus 通信初始化完成位	M3.0
3	调试锁存状态	M0.2	11	Modbus 通信读写完成位	M3.1
4	运行锁存状态	M0.3	12	Modbus 通信初始化错误	MB4
5	故障	M1.0	13	Modbus 通信读写错误	MB5
6	PLC 故障	M1.1	14	自寻优结束	M10.3
7	电压异常	M1.2	15	自寻优标志位	M10.4
8	滤波器未成功投入	M1.3			

2. 变量存储区符号表

变量存储区的作用是存储程序运行中的初始变量、中间变量和输出变量。本程序中所使用的变量存储区符号共有 19 个，具体含义如表 6-11 所示。

表 6-11 位存储区符号表

序 号	符 号	地 址	序 号	符 号	地 址
1	控制电压	VW0	5	自寻间隔时间（min）	VW22
2	电压上限	VD10	6	A 相电压有效值	VD1100
3	电压下限	VD14	7	B 相电压有效值	VD1104
4	自寻间隔时间（h）	VW20	8	C 相电压有效值	VD1108

（续）

序号	符号	地址	序号	符号	地址
9	A 相电流有效值	VD1112	15	七次谐波电流有效值	VD1212
10	B 相电流有效值	VD1116	16	九次谐波电流有效值	VD1216
11	C 相电流有效值	VD1120	17	十一次谐波电流有效值	VD1220
12	基波电流有效值	VD1200	18	十三次谐波电流有效值	VD1224
13	三次谐波电流有效值	VD1204	19	控制电压数字量	AQW0
14	五次谐波电流有效值	VD1208			

3. 定时器/计数器存储区符号表

定时器/计数器存储区用于存储相关延时时间变量、间隔时间控制的计数值。本程序中使用的定时器/计数器存储区符号共有 6 个，具体含义如表 6-12 所示。

表 6-12　定时器/计数器存储区符号表

序号	符号	地址	序号	符号	地址
1	上电 2s	T37	4	通信读写完成延时	T33
2	电容器组合闸后 1s	T38	5	定时自寻优计数器	C0
3	通信初始化完成延时	T32	6	KM4 合闸延时	T104

6.7.3　主程序

主程序主要完成中断子程序调用条件（调试状态条件、允许启动锁存状态、运行状态、补偿电容选择）的判断，以及电网中电压、电流、谐波电流参数的采集和各中断子程序调用条件的判断等功能。PLC 采用循环扫描的工作方式，主程序在整个开机过程中将不间断依次循环执行。

1. 调试状态条件

调试状态条件判断的作用是在主回路空气开关断开的条件下，测试交流接触器是否能正常动作。调试状态逻辑图如图 6-17 所示。

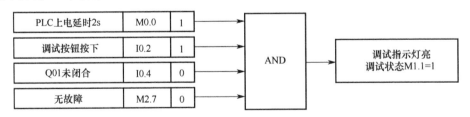

图 6-17　调试状态逻辑图

2. 启动锁存状态条件

运行锁存状态条件判断的作用是在主回路空气开关闭合下，各电气开关工作正常的情况下，启动滤波装置的预备标志位。启动锁存状态逻辑图如图 6-18 所示。

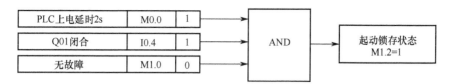

图 6-18 启动锁存状态逻辑图

3. 运行状态条件

运行状态条件判断是指在运行锁存或调试状态下,闭合交流接触器的动作。运行状态逻辑图如图 6-19 所示。

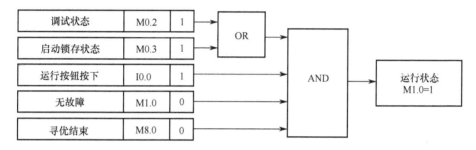

图 6-19 运行状态逻辑图

4. 补偿电容选择

补偿电容选择判断逻辑图如图 6-20 所示。

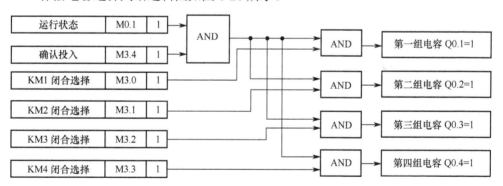

图 6-20 补偿电容选择判断逻辑图

6.7.4 初始化子程序

初始化子程序的功能是在 PLC 上电后的第一个扫描周期将初始变量赋值。需要赋初值的变量包括位存储器(M)、输出映像寄存器(Q)、定时器/计数器(C/T)和变量存储器(V)。

初始化子程序的调用逻辑图如图 6-21 所示。

初始变量赋值如表 6-13 所示。

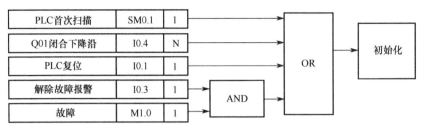

图 6-21 初始化子程序调用逻辑图

表 6-13 初始变量赋值表

序 号	变 量 名	初 始 值	注 释
1	M0.0（100位）	0	清零以防止误动作
2	T0~T100	0	清零以防止误动作
3	Q0.0（100位）	0	清零以防止误动作
4	C0~C100	0	清零以防止误动作
5	电压上限：VD10	264.0	常规电压值的120%
6	电压下限：VD14	190.0	常规电压值的80%
7	变比设置：VW24	150	采用电流互感器变比为150:5
8	谐波次数：VW32	5	滤波器单调谐次数为5次
9	控制电压：VW0	0	使电磁耦合滤波电抗器二次侧阻抗最大
10	寻优步数：VW4	32	设置寻优精度
11	控制电压优化值：VW8	0	
12	寻优初值：VW26	0	设置最大的寻优范围
13	寻优终值：VW28	16000	设置最大的寻优范围

6.7.5 Modbus 通信程序

本设计中使用的串口通信协议为 Modbus 通信协议，用于 S7-200 与三相电量采集模块进行数据交换，需要采集的电量信号包括滤波支路上三相电源的电压、电流有效值以及谐波电流有效值。在通信过程中 S7-200 为主站，采集装置为从站，采用 Modbus-RTU 通信。该程序调用了 Modbus Master 指令库中的主站指令：MBUS_CTRL 和 MBUS_MSG。Modbus 主站指令如图 6-22 所示。

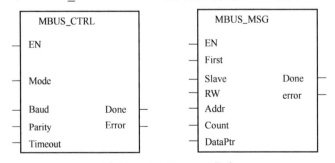

图 6-22 Modbus 主站指令

MBUS_CTRL 指令为主设备初始化指令。MBUS_MSG 指令为主设备读写功能指令。在梯形图设计中，调用 Modbus 库文件一次只能激活一条 MBUS_MSG 指令。WB1831B35 将采集得到的数据放在数据寄存器，电压、电流有效值存放在以 40010 开始的寄存器地址，而各次谐波电流有效值存放在以 40136 开始的寄存器地址。

使用两次 MBUS_MSG 指令进行轮询操作。第一条 MBUS_MSG 指令读取谐波采集模块中的各相电流的谐波返回值；第二条 MBUS_MSG 指令读取电网中电压、电流信号。在 PLC 的整个循环扫描过程中，能连续不断获取所需的电压、电流信号。Modbus 通信程序流程图如图 6-23 所示。

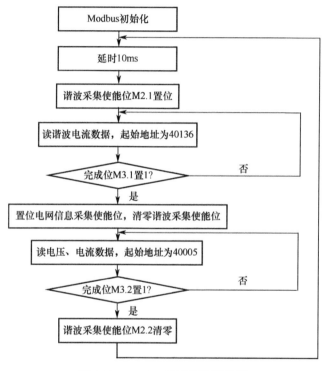

图 6-23　Modbus 通信程序流程图

6.7.6　故障与报警子程序

故障与报警子程序主要功能是对系统进行监控，并响应出现的异常情况状态，报警指示灯闪烁、蜂鸣器动作。该程序包括以下故障：PLC 故障、电压异常、合闸故障等。

故障与报警子程序的调用逻辑图如图 6-24 所示。

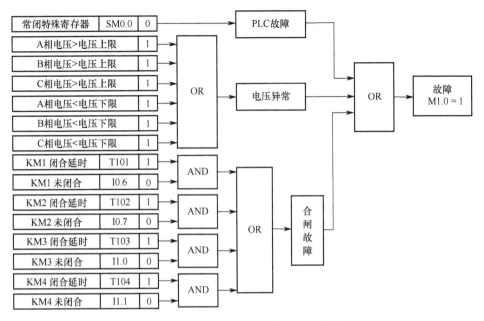

图 6-24 故障与报警子程序调用逻辑图

6.7.7 谐波分析子程序

本程序使用 Modbus RTU 的 2 个功能块：初始化功能块 MBUS_CTRL 和读写功能块 MBUS_MSG。其参数意义：初始化功能块中 EN 为使能端，必须保证每一个扫描周期都被使能；Mode 为协议模式选择，当为 1 时，使能 Modbus 协议功能，当为 0 时，恢复为系统 PPI 协议；Baud 为通信波特率；Parity 为校验方式选择，0 为无校验，1 为奇校验，2 为偶校验；Timeout 为主站等待从站响应的时间，以 ms 为单位；Done 为完成位，初始化完成后该位会自动置 1，可以用该位启动读写操作；Error 为初始化错误代码。读写功能块中 EN 为使能端，同一时刻只能有 1 个读写功能使能；First 为写请求位，每一个新的读写请求必须使用脉冲触发；Slave 为从站地址；RW 为选择从站的读写端，0 为选择读，1 为选择写；Addr 为选择读写从站的数据地址；Count 为通信数据个数（位或字的个数）；DataPtr 为数据指针，如果是读指令，读回的数据放到这个数据区中，如果是写指令，要写出的数据放到这个数据区中；Done 为读写功能完成位，完成后该位会自动置 1；Error 为初始化错误代码。

在智能传感模块 WB1831B35 的保持寄存器地址的 40136、40138、40140、40142、40144、40146、40148 中依次存放在基波、三次谐波、五次谐波、七次谐波、九次谐波、十一次谐波和十三次谐波电流的参考值，通过计算方法可以得到各次谐波电流的有效值。

有效电流计算方法：

$$I_x = \mathrm{RD}_x \times I_{\max} \times 0.0001 \times k_{\mathrm{TA}} \qquad (6\text{-}3)$$

式中：RD_x 为寄存器返回的参数值；$I_{\max}$ 表示电流额定值，取值 5A；k_{TA} 为电流互感器匝数比，取值 100/5。

6.7.8 电网检测子程序

在 Modbus 通信读取寄存器参数值时，一次通信最多只能读取 127 个字的数据。因此，在此设置一个位存储器 M9.0 作为通信地址转换标志。当谐波电流检测结束后，M9.0 置 1，执行电流检测子程序，从而能够在一个扫描周期内同时得到三相电流的电压值、电流值、功率值和谐波分量。

同样使用 Modbus RTU 协议传输数据，具体操作同谐波分析子程序。总有功功率、无功功率和视在功率在保持寄存器的地址为 40005、40006、40009；三相电压的保持寄存器地址为 40010、40011、40012；三相电流的地址为 40016、40017、40018。

电压、总有功功率、总无功功率、总视在功率参数的计算如下：

$$\begin{cases} U = \mathrm{RD}_x \times U_{\max} \times 0.0001 \\ P = \mathrm{RD}_x \times U_{\max} \times I_{\max} \times 3 \times 0.0001 \\ Q = \mathrm{RD}_x \times U_{\max} \times I_{\max} \times 3 \times 0.0001 \\ S = \mathrm{RD}_x \times U_{\max} \times I_{\max} \times 3 \times 0.0001 \end{cases} \qquad (6\text{-}4)$$

式中：$I_{\max}$ 表示电流额定值，为 5A；$U_{\max}$ 表示电压额定值，为 380V。

6.7.9 寻优控制子程序

寻优控制子程序的作用是当滤波器投入使用后，间隔若干时间自动搜索一次滤波器的谐振点，以确保在滤波器在使用过程中滤波支路一直保持在最佳控制点。当满足以下条件（图 6-25）时，主程序将调用定时寻优控制子程序。

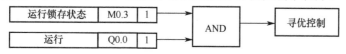

图 6-25 寻优控制子程序调用逻辑图

自寻优的间隔时间不宜过短，考虑到一方面自寻优一次的时间大概需要几分钟，另一方面电网上的谐波分时段波动，在一段时间内能基本保持恒定。因此，将定时寻优的间隔时间设置单位定为小时（h）。STEP7 Micro/WIN 提供特殊寄存器 SM0.4 为时间周期 1min，占空比为 0.5 的时基脉冲，经过一个 60 次的计数器后时间周期即为 1h，设定合适的时间参数，在计数时间达到后将自寻优标志位置 1，由触摸屏完成自寻优控制，控制结束后自寻优完成标志位置位，将计数器清零。定时寻优子程序流程图如图 6-26 所示。

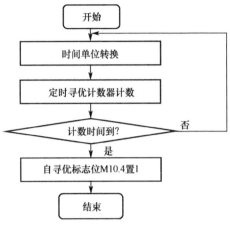

图 6-26 定时寻优子程序流程图

寻优控制子程序是指在按下手动寻优按钮后，PLC 计算谐波采集模块采集 h 次的谐波信号的平均值后，增加相应的单步控制电压，再次计算 h 次谐波信号的平均值，依次累计，比较得到各次谐波信号平均值的最大值，即为最优控制信号下的谐波电流。寻优控制子程序流程图如图 6-27 所示。

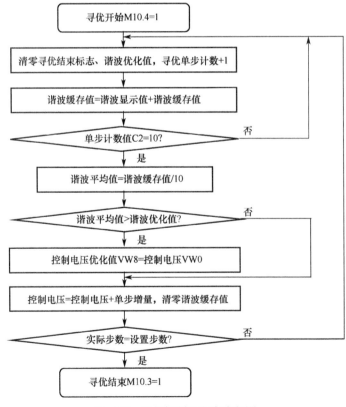

图 6-27 寻优控制子程序流程图

采样数据刷新很快，为保证操作人员对显示数据的视觉停留效果，增加了显示处理子程序。其控制逻辑与寻优控制逻辑相似，通过采集 h 次数据存储值，得出平均值用于显示。

6.8　MCGS 组态软件程序设计

采用 TPC7602K 触摸屏作为硬件设备来连接 PLC，组态系统中自带有西门子 S7-200 的驱动程序（驱动程序：西门子_S7200PPI），从而可以直接与 PLC 进行通信。触摸屏是人（操作员）与过程（机器设备）之间的接口，通过触摸屏来对 PLC 进行操作，使用 MCGS 组态软件完成系统上位机监控界面的设计。

（1）可视化的操作界面：将控制系统通过参数、动画形式显示在触摸屏上并根据设备运行状态实时更新，显示直观，如显示设备运行中谐波电流的有效值、接触器投切操作等。

（2）操作员对过程的控制：操作员可通过用户窗口定义输入变量，如定义变量的初始值（如电压极限值、寻优步数、寻优范围等），或通过预置按钮来启动寻优操作。

（3）显示报警：过程控制中当达到临界值时会触发报警策略，如欠电压、过电压报警等。

（4）过程值和报警值的记录：触摸屏可以输出报警和过程值的报表，如可以检索何时出现何种报警等。

动态调谐滤波器的触摸屏系统设计中，要设计系统界面，首先要构思出系统的基本框架，然后根据系统基本框架对各个子界面分别进行设计。

将控制系统的界面按功能性进行划分，可分为数据采集和处理界面、可视化和可操作界面以及控制和管理界面。本设计将 MCGS 的用户窗口分为 8 个基本界面，分别是登录界面、主菜单界面、电容配置界面、参数整定界面、实时监测界面、故障显示界面、用户管理界面和关于界面。各个子界面分别完成不同的工作，具有不同的操作特性。触摸屏软件总体框架结构如图 6-28 所示。

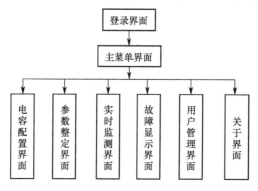

图 6-28　触摸屏软件总体框架结构

1．登录界面

登录界面为控制和管理界面。动态调谐滤波器监控系统的登录界面如图 6-29 所示，轻触该屏幕上任何地方都会弹出"用户登录"对话框（见图6-30）。

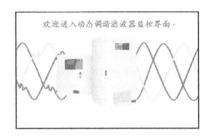
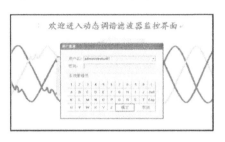

图 6-29　登录界面　　　　　图 6-30　"用户登录"对话框

输入密码即可进入系统主菜单界面，初始用户名为 administrator，初始密码为 123。

本系统有两种登录方式：①管理员模式，它可以浏览所有信息和更改所有可操作信息；②操作员模式，它可以浏览未设置权限信息和更改未设置权限的操作信息。

在系统工具菜单中的用户权限管理可以设定用户组及密码。弹出对话框采用登录策略，当验证成功后可进入主菜单。

2．主菜单界面

主菜单界面为控制和管理界面，动态调谐滤波器的主菜单界面如图 6-31 所示。

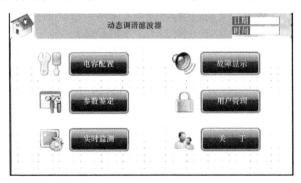

图 6-31　主菜单界面

在主菜单界面下，用户可以根据需要单击"电容配置""参数整定""实时监测""故障显示""用户管理""关于" 6 个按钮，从而进入相关界面进行操作。

以电容配置为例，介绍如何对主菜单中的按钮进行动作设置。主菜单设置界面如图 6-32 所示。

通过选中"打开用户串口"复选框，单击"电容配置"按钮就能打开电容配置界面。

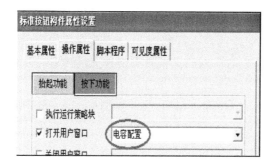

图 6-32 主菜单设置界面

3. 电容配置界面

电容配置界面为可视化和可操作界面,电容配置界面如图 6-33 所示。

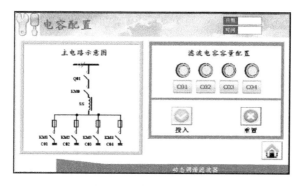

图 6-33 电容配置界面

在电容配置界面中,左边是主电路示意图,右边是滤波电容容量配置面板。主电路示意图主要显示了电路中各开关的状态(如 Q01、KM0、KM1~KM4)。

根据所需投入的滤波电容容量,单击对应的按钮,然后单击"投入"按钮即可将滤波电容投入到主回路中,如欲重新投入,单击"重置"按钮重复上述过程即可。

4. 参数整定界面

参数整定界面为数据采集和处理界面,参数整定界面如图 6-34 所示。

图 6-34 参数整定界面

105

在参数整定界面中，左侧主要用于对控制参数进行配置，如寻优初值、寻优终值、寻优步数等，对应的输入框都与 PLC 内部对应的变量相关联，因此，配置之后，参数会直接改变 PLC 对应的变量存储单元的内容，从而实现滤波参数配置的初始化。

单击"一键寻优"按钮后，系统会自动进行寻优，通过 PLC 程序运算得到参数整定结果。其中，寻优进度按寻优步数的增加依次递增。

5．实时监测界面

实时监测界面为数据采集和处理界面，实时监测界面如图 6-35 所示。

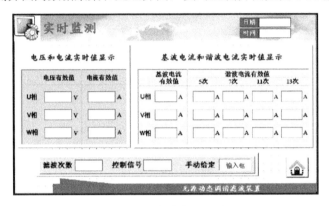

图 6-35　实时监测界面

在系统运行过程中，通过触摸屏与 PLC 通信可以实时显示 DTPF 的主要参数，监控 DTPF 的运行状态。

6．故障显示界面

故障显示界面如图 6-36 所示。

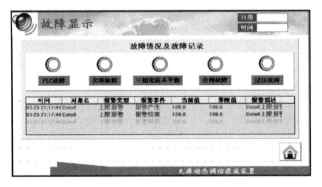

图 6-36　故障显示界面

在系统监控界面下设置了两条用户策略：一条登录策略，该策略在欢迎界面下已做介绍；另一条是报警策略，发生报警时，触发报警策略，弹出故障提示窗口，单击该窗口，即可弹出故障显示界面。故障提示窗口如图 6-37 所示。

图 6-37 故障提示窗口

7. 用户管理界面

用户管理界面为控制和管理界面，在主菜单下单击"用户管理"按钮后，会弹出一个登录框，输入密码后，即可进入用户管理界面。用户管理界面如图 6-38 所示。

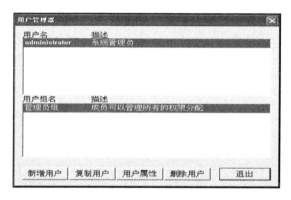

图 6-38 用户管理界面

在该界面下，系统管理员用户可以进行"新增用户""复制用户""用户属性"以及"删除用户"的操作。其实现方式是在"用户管理"按钮属性中配置按钮脚本程序。

8. 关于界面

触摸屏的设计充分考虑了系统友好性的设计要求，添加了关于界面。该界面为可视化和可操作界面。在关于界面下，主要设置了 3 个按钮，分别是"产品介绍""使用说明"和"联系"，单击这些按钮，对应的信息就会显示。关于界面如图 6-39 所示。

图 6-39 关于界面

实现的方法是定义 4 个变量：Introduction，Useage_Method，Contact_Us，Welcome，各个按钮分别对应"产品介绍""使用说明""联系"以及"欢迎标语"，按钮按下后对应的变量为 1，而其余变量为 0，此时显示对应的文本信息。

6.9 PLC 与 MCGS 的通信设计

使用 TPC7062K 触摸屏可以与西门子 S7-200PLC、三菱 FX 系列 PLC、欧姆龙 PLC 等进行通信。TPC7062K 与 S7-200 的通信是通过一根串行通信线连接的，其接线方式如图 6-40 所示。

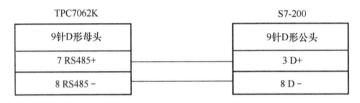

图 6-40　PLC 与触摸屏接线方式

TPC7062K 与 S7-200 的通信方式是将 PLC 设备作为子设备挂接在串口父设备下，通过双击设备工具箱，可以先后添加"通用串口父设备"和"西门子_S7200PPI"子设备，并且根据提示可以设置父设备属性，包括设置设备名称、最小采集周期、串口端口号、波特率、数据位数、停止位数和校验方式。具体设置步骤如下。

1. 激活设备窗口

在工作台中双击"设备窗口"，并单击"设备工具箱"。设备窗口如图 6-41 所示。

图 6-41　设备窗口

2. 设置串口父设备

按照先后顺序分别双击"通用串口父设备"和"西门子_S7200PPI"，添加至组态界面后，按西门子通信参数设置串口父设备。串口父设备的添加如图 6-42 所示。

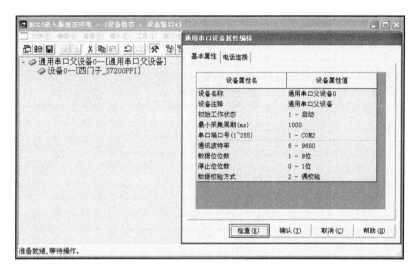

图 6-42 串口父设备的添加

3. 单击"确认"按钮,完成 MCGS 与 S7-200 的通信

通过上述操作,MCGS 就与 S7-200PLC 就建立了串行通信连接,在此基础上,用户可通过"实时数据库"添加或删除参数,通过"用户窗口"设计用户界面,通过"运行策略"对系统流程进行控制。从而实现了利用触摸屏来对动态调谐滤波器进行监控。

第 7 章 工程应用方法与实例

为了进一步在工程环境中验证理论研究结果和滤波器的性能，推广理论研究结果的应用，本章分别选取水泥回转窑直流传动和纺织厂细纱车间为单谐波源和多谐波源谐波电流抑制对象的典型代表，设计了工程应用实施方案，给出了挂网试验方法，通过验证性应用实例验证了理论研究结果和滤波器的性能。选取南方水泥集团某水泥厂作为谐波源地域分散需要配置多台动态调谐滤波器进行谐波治理的典型代表，设计了分布式谐波治理方案，验证了动态调谐电力滤波系统的谐波抑制效果，并完成对比性试验。选取船舶电力推进系统作为多频次谐波电流需要配置多台动态调谐滤波器进行谐波治理的典型代表，验证本书提出的分布式电力谐波抑制方法的有效性及谐波治理效果。

7.1 工程应用实施方案

根据对目前相关行业领域采用的低压变频器和直流变换器的调研和检测，发现 5 次谐波电流占到整个供电系统谐波电流的绝大部分（70%），因此，本书在试验案例中，主要针对 5 次谐波电流进行治理，对于其他次谐波电流，采用本书方法依然有效。

在滤波电容器容量对滤波性能的影响试验（5.1.2 节）的基础上，针对工业（建材、纺织）和交通（船舶）等行业中特定对象，选取建材和纺织均为大电网低压配电系统，并以占整个谐波分量的 70% 的 5 次谐波电流为谐波滤除对象。

用单台动态调谐滤波器对单谐波源和多谐波源进行谐波抑制，进行验证性试验研究；用多台动态调谐滤波器构成分布式电力谐波抑制系统，对地域分散的谐波源进行谐波抑制工程应用，或具有多频次谐波电流船舶电力推动系统谐波抑制仿真研究，验证理论研究、参数优化和动态调谐滤波器的谐波治理效果。

本书从试验、仿真、工程应用等三方面展开验证研究。在此基础上，由导师团队及其产学研合作伙伴南京康迪欣电气成套设备有限公司组织推广应用。选取直流传动和交流传动典型对象，进一步验证本书在"理论、设计、工程应用"等方面取得的研究成果。

验证性试验与实例如表 7-1 所示。谐波源参数见谐波源参数设置（见表 6-1）。

表 7-1　验证性试验与实例

编号	对　　象	类　　别	章节安排	验证内容
1T1	试验室	试验（一）	5.1.2	滤波电容器容量对滤波性能的影响试验
1T2	试验室	试验（二）	5.1.2	
1T3	单滤波器谐波抑制（单谐波源，水泥厂选粉机）	挂网试验（三）	5.1.3	
1EA1	单滤波器谐波抑制（单谐波源，建材）	实例（一）	7.3	验证理论研究结果，验证DTPF的谐波电流吸收率和效率
1EA2	单滤波器谐波抑制（多谐波源，纺织）	实例（二）	7.4	
1EA3	谐波抑制工程应用（低压配电系统）	实例（三）	7.6	验证分布式电力谐波抑制方法有效性和谐波治理效果
1EA4	不同频次谐波抑制（船舶电力推进系统）	仿真	7.7	

7.2　工程试验方法

采用"谐波源测量、动态调谐滤波器参数设计与优化、电抗变换器工艺参数设计、动态调谐滤波器研制、安装调试"等定制方式进行工程试验，具体如下。

1. 谐波源测量

使用谐波分析仪（本书使用德国产谐波分析仪 CA8335）对选定的谐波源进行测量，确定谐波治理的主次谐波的电流 I_s，电压 U_s，谐波次数 h 等数据。

2. 动态调谐滤波器电气参数设计与优化

采用开发的动态调谐滤波器参数的遗传优化仿真系统（图 5-11），设计滤波电容和电抗变换器参数，电容的额定电压 U_{C_s} 和 Q_{C_s}，按此参数购买滤波电容（如西安电容器厂）；设计优化出电磁耦合滤波电抗器的设计参数：加工电感 L_{01}、电流 $I_{L_{s1}}$ 与容量 S_N。

3. 电抗变换器的工艺参数设计

首先，根据第 2 条设计与优化得到的电磁耦合滤波电抗变换器设计参数，确定电抗变换器的工艺参数设计所需技术指标，即额定容量 S_n、谐波频率下 f_h、一次电感量下限 L_{n11}、一次电感量上限 L_{n12}、一次额定相电流 I_{n1} 和匝数比 k 等。

然后，采用开发的电抗变换器工艺参数设计仿真系统（图 3-7），输入工艺参数设计技术指标，单击 GUI 主界面"设计菜单"中的 1，2，…，6 就可得到电抗变换器的工艺参数，单击"结果输出"，制造厂家按此参数进行定制加工。

4. 动态调谐滤波器定制加工

根据购置的滤波电容和研制的电磁耦合滤波电抗器，由南京康迪欣电气成套设备有限公司研制生产动态调谐滤波器，其实物照片如图7-1所示。

图7-1　动态调谐滤波器实物照片

5. 动态调谐滤波器安装调试

动态调谐滤波器（DTPF）安装于需要谐波治理的变配电室低压0.4kV交流母线上，动态调谐滤波器与谐波源（非线性负载NL）并联。设备安装后，通过调试整定参数，投入运行。动态调谐滤波器安装电气接线示意图如图7-2所示。

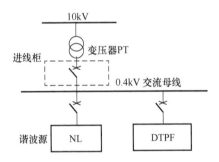

图7-2　动态调谐滤波器安装电气接线示意图

6. 动态调谐滤波器性能评价，验证本书理论研究结果

根据动态调谐滤波器安装投入前后的谐波数据，依据滤波器性能评价指标（见4.7节），得出谐波电流吸收率K_{xs}、效率K_{xl}、电流有效值下降率K_{IR}和功率因数提升率K_{PH}，综合评价动态调谐滤波器性能，包括滤波效果、工作效率和节能效果。

7.3　单谐波源谐波抑制工程实例

实例（一）：单谐波源谐波抑制实例（1EA1）

水泥回转窑直流传动系统由一台变压器单独供电，回转窑直流传动系统是典型的单谐波源，整个谐波电流5次占70%，对低压配电系统的影响及危害性极大。因此，以华润水泥（封开）5000t/d生产线的二线水泥回转窑直流传动系统中5次谐波电流为滤除对象，采用谐波就地治理方式，完成了单谐波源谐波抑制实例的工程应用。

在主要谐波源的前端设置 1 台动态调谐滤波器（DTPF），安装连接示意图（1EA1）如图 7-3 所示。

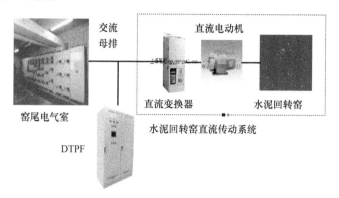

图 7-3　动态调谐滤波器安装位置示意图（1EA1）

变压器二次侧低压交流母排 U 相谐波分析棒图（1EA1）如图 7-4 所示，功率因数测量值如图 7-5 所示。

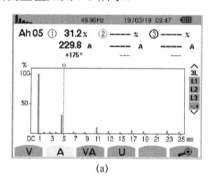
(a)

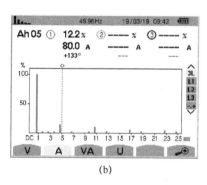
(b)

图 7-4　U 相谐波分析棒图（1EA1）
（a）投入 DTPF 前；（b）投入 DTPF 后。

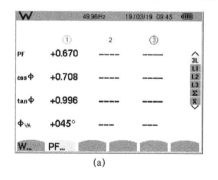
(a)

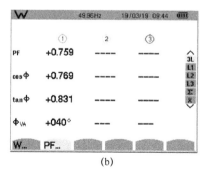
(b)

图 7-5　低压进线侧功率因数（1EA1）
（a）投入 DTPF 前；（b）投入 DTPF 后。

动态调谐滤波器（DTPF）投入前、后的电流有效值与谐波电流测量数据（1EA1）如表 7-2 所示。

表 7-2　电流有效值与谐波电流测量数据（1EA1）

名　称	投入 DTPF 前	投入 DTPF 后	DTPF 吸收电流 $1I_f$ /A	谐波电流吸收率 K_{xs} /%
电流有效值/A	693.9	651.7	42.2	6.1
5 次谐波电流/A	229.8	80.0	149.8	65.2
THD_i /%	31.2	12.2	19.0	61.0
功率因数	0.708	0.769	增加 0.061	提高 8.6

由表 7-2 可得出：动态调谐滤波器投入前电流有效值 $1I_{s0}$ 为 693.9A，谐波电流 $1I_{h0}$ 为 229.8A 和功率因数 $\cos\varphi_0$ 为 0.708；投入后电流有效值 $1I_{s1}$ 为 651.7A，5 次谐波电流 $1I_{h1}$ 为 80A 和功率因数 $\cos\varphi_1$ 为 0.769。

将上述数据代入式（4-45）～式（4-48），得到：

（1）5 次谐波电流：从投入前的 229.8A 降低为 80A，吸收了 149.8A，谐波电流吸收率 K_{xs} 为 65.2%。

（2）由表 6-1 可知吸收电流设计值 I_{SD} 为 137.8A，效率 K_{xl} 为 109%。

（3）电流有效值：从投入前的 693.9A 降低为 651.7A，减少了 42.2A，电流有效值下降率 K_{IR} 为 6.1%。

（4）功率因数：从投入前的 0.708 提高为 0.769，提高了 0.061，功率因数提升率 K_{PH} 为 8.62%。

此外，从表 7-2 可以看出，电流畸变率 THD_i 也下降率 61%。

说明：如果要将 5 次谐波电流畸变率降至 5% 及以下，则可以通过提高动态调谐滤波器的容量来实现（1EA3）。

7.4　多谐波源谐波抑制工程实例

实例（二）：单台动态调谐滤波器多谐波源谐波抑制实例（1EA2）

南阳某纺织厂细纱车间，该车间由一台 1000kVA 的变压器向车间动力系统供电，细纱车间动力系统接有 40 多台变频器，所用的变频器多为低电平拓扑结构，是以 5 次电力谐波电流为主的多谐波源。因此，本书以南阳某纺织厂细纱车间配电系统中 5 次谐波电流为滤除对象，采用谐波集中治理方式，1 台动态调谐滤波器接入变压器二次侧低压交流母排，完成了多谐波源谐波抑制的工程应用。

变压器二次侧低压交流母排 U 相谐波分析棒图（1EA2）如图 7-6 所示，低压进线侧功率因数如图 7-7 所示。

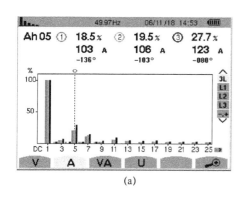
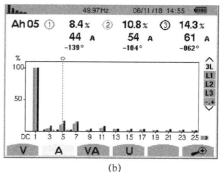

图 7-6　U 相谐波分析棒图（1EA2）

（a）投入 DTPF 前；（b）投入 DTPF 后。

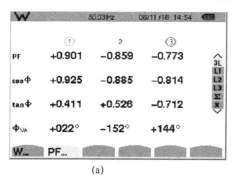
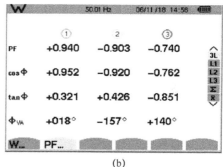

图 7-7　低压进线侧功率因数（1EA2）

（a）投入 DTPF 前；（b）投入 DTPF 后。

动态调谐滤波器（DTPF）投入前、后电流有效值与谐波电流测量数据（1EA2）结果如表 7-3 所示。

表 7-3　电流有效值与谐波电流测量数据（1EA2）

名　称	投入 DTPF 前	投入 DTPF 后	DTPF 吸收电流 $1I_f$ /A	谐波电流吸收率 K_{xs} /%
电流有效值/A	587	541	46	7.8
5 次谐波电流/A	103	44	59	57.3
THD_i /%	18.5	8.4	10.1	54.6
功率因数	0.925	0.952	0.027	2.9

由表 7-3 可得出：动态调谐滤波器投入前 $1I_{s0}$ 为 587A，$1I_{h0}$ 为 103A 和 $\cos\varphi_0$ 为 0.925；投入后 $1I_{s1}$ 为 541A，$1I_{h1}$ 为 44A 和 $\cos\varphi_1$ 为 0.952；由表 6-1 可知吸收电流设计值 I_{SD} 为 61.8A。

将上述数据代入式（4-45）和式（4-48），得到：

（1）5 次谐波电流：从投入前的 103A 降低为 44A，吸收了 59A，谐波电流吸

收率 K_{xs} 为 57.3%。

（2）效率 K_{xl} 为 95.5%。

（3）电流有效值：从投入前的 587A 降低为 541A，减少了 46A，电流有效值下降率 K_{IR} 为 7.8%。

（4）功率因数：从投入前的 0.925 提高为 0.952，功率因数提升率 K_{PH} 为 2.9%。

此外，从表 7-3 可以看出，电流畸变率 THD_i 下降率为 54.6%。

将实例（一）和实例（二）结果与设计参数进行比较，如表 7-4 所示。

表 7-4 实例结果与设计参数比较

编号	$1I_{s0}$/A	K_{sh}	K_{xs}/%	K_{xl}/%	吸收谐波电流/A	
					设计值 I_{SD}	实测值
1EA1	229.8	0.60	65.2	109	137.8	149.8
1EA2	103	0.60	57.3	95.5	61.8	59

从表 7-4 可以看出：

（1）谐波吸收率 K_{xs}：实例（一）即 1EA1 高于设计的谐波电流吸收系数 K_{sh}；1EA2 也接近设计的 K_{sh}。

（2）吸收谐波电流：实例（一）即 1EA1 高于设计的 I_{SD}，1EA2 也接近设计的 I_{SD}。

（3）实例（一）谐波治理效果优于实例（二）。

（4）动态调谐滤波器对于单谐波源的谐波电流吸收率要高于多谐波源。

综上所述，可以得出以下结论。

（1）实例（一）和实例（二）验证了提出的电力谐波动态调谐滤波方法与优化设计结果的有效性。

（2）动态调谐滤波器对单谐波源和多谐波源均能同时降低电流有效值、吸收（滤除）主次谐波电流、提高功率因数（补偿无功功率）等，达到了设计要求。

7.5 对比性试验结果与分析

本书只比较动态调谐滤波器和无源滤波器的滤波效果。

在 1EA1 和 1EA3 实例和应用代表 2EA2 和 2EA6 中，与无源滤波器的比较，主要从关键性能指标"谐波电流吸收率"进行。

现场测试得到投入动态调谐滤波器（DTPF）与无源滤波器（PPF）的电流有效值及谐波电流测量数据，比较计算得到谐波电流吸收率。测量数据与滤波效果比较如表 7-5 所示。

表 7-5 测量数据与滤波效果比较

编 号	$1I_{h0}$/A	投入 DTPF 后			投入 PPF 后		
		谐波电流/A	吸收电流/A	K_{xs}/%	谐波电流/A	吸收谐波电流/A	K_{xs}/%
1EA1	229	80	149	65	146.5	82.5	36
1EA3	97	46	51	53	66.6	30	31
2EA2	140	62.1	77.9	56	94.2	45.8	33
2EA6	260	97.8	162.2	62	167.5	92.5	36

注：2A2 是北京某水泥厂交流传动应用
2A6 是山东某水泥厂直流传动应用

从表 7-5 中数据，可以看出以下几点。

（1）当动态调谐滤波器应用于多谐波源时，谐波电流吸收率为 53%（1EA3）和 56%（2EA2），而此时无源滤波器为 31%和 33%。可见，在同等情况下动态调谐滤波器的滤波效果明显优于无源滤波器。

（2）当动态调谐滤波器应用于窑中直流传动（单谐波源）时，谐波电流吸收率为 65%（1EA1）和 62%（2EA6），而此时无源滤波器均为 36%；这说明无论是动态调谐滤波器还是无源滤波器，对于单谐波源特性的负载，谐波电流吸收率高于多谐波源特性的负载；在同等情况下动态调谐滤波器的谐波电流吸收率明显优于无源滤波器（PPF）。

（3）无论是多谐波源还是单谐波源负载，采用单滤波器还是多滤波器，随着使用时间变长，无源滤波器的滤波效果还会降低，这是因为使用时间越长，电容器的容量随着环境变化会降低，由于无源滤波器不具有动态调谐性能，因此，会致使滤波效果变差。

无源滤波器（PPF）滤波效果较差主要是以下两方面原因。

（1）无源滤波器在设计中主要考虑谐振点（例如 5 次 250Hz、7 次 350Hz），并以此指标作为设计滤波器的主要依据来设计滤波器的 LC 参数，没有考虑谐波电流吸收率，故滤波效果会受影响。根据工程应用和研究分析，除了考虑谐振点之外，在设计滤波器时，还必须考虑谐波电流吸收率的问题（这与选择滤波电容器值有直接的关系，电流吸收率越高，则要求电容器值越大）。

（2）无源滤波器由于存在参数的离散化和 LC 参数的不可控，特别是 L 参数不能连续调节。因此，即使 L 参数设计非常精确，但是由于生产工艺的限制和实际非线性负载的影响，也不可能使滤波参数与工况完全一致，故使滤波效果变差。

综上所述，可以得出结论：本书研究的动态调谐滤波器解决了无源滤波器的电感量不可调难题。根据工程应用实例，在相同的非线性负载条件下，动态调谐滤波器谐波电流吸收率在 53%以上，最高可达到 65%以上，而无源滤波器在 32%~36%。

7.6 分布式电力谐波抑制工程实例

为了进一步在工程环境中验证理论研究结果和动态调谐滤波器的谐波治理效果，推进理论成果的推广应用，进行工程应用。

实例（三）：分布式电力谐波抑制系统实例（1EA3）

南方水泥集团某水泥厂低压配电系统，其变压器容量为 1250kVA，一、二次电压为 10kV/0.4kV。该低压配电系统在不同的地域接有 5 个谐波源（HS_1～HS_5），5 个谐波源分别由 5 台变频器（VFD_1～VFD_5）产生，5 台变频器分别驱动电动机（M_1～M_5）。配电系统中谐波源接入配置图（1EA3）如图 7-8 所示。

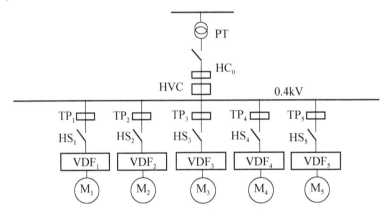

图 7-8 配电系统中谐波源接入配置图（1EA3）

谐波源地域分散，需要配置 5 台动态调谐滤波器的谐波治理，也是以 5 次电力谐波电流为主的谐波源。采用谐波分布式治理方式，5 个谐波源的前端各设置 1 台动态调谐滤波器，采用分布式电力谐波抑制方法，完成了分布式电力谐波抑制系统实例。

利用电能质量分析仪（型号为 CA8335）分别在图 7-8 中的 HC_0、TP_1～TP_5 处测量 5 次谐波电流，其测量数据如表 7-6 所示。

表 7-6 配电系统的谐波源测量数据（1EA3）

测 试 点	额定功率/kW	基波电流/A	5 次谐波电流/A	THD_I/%
HC_0	—	1365	97	7.2
TP_1	75	93.2	29.6	31.7
TP_2	75	72.4	26.6	41.2
TP_3	75	96.6	30.4	32.8
TP_4	75	102.2	30.4	32
TP_5	50	86	25.4	29

采用动态调谐滤波器（DTPF）与无源滤波器（PPF）的比较性试验，HC_0 中 5 次谐波电流及其 THD_i（1EA3）如图 7-9 所示。

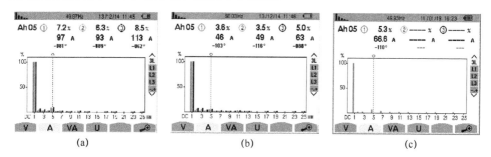

图 7-9　HC_0 中 5 次谐波电流及其 THD_i（1EA3）
(a) 投入 DTPF 前；(b) 投入 DTPF 后；(c) 投入 PPF 后。

从图 7-9 可以得出以下结论。

（1）投入动态调谐滤波器前（图 7-9（a）），U 相 5 次谐波电流为 97A，THD_i 为 7.2%。

（2）采用本书提出的电力谐波动态调谐滤波方法（图 7-9（b）），U 相 5 次谐波电流和 THD_i 均减小了，其值分别为 46A 和 3.6%。动态调谐滤波器吸收了 51A 的 5 次谐波电流，吸收率为 52.6%，THD_i 下降了 50%；满足谐波国际标准 IEEE 519—1992。

（3）采用传统的无源滤波方法（图 7-9（c）），U 相 5 次谐波电流和 THD_i 分别为 66.6A 和 5.3%。吸收了 30.4A 的 5 次谐波电流，吸收率为 33.4%，THD_i 下降了 26.3%。

从以上结果，可以得出以下结论。

（1）使用 5 台动态调谐滤波器构成分布式电力谐波抑制系统，根据谐波量进行跟踪配置，实现多点同时滤波，达到抑制谐波的目的，谐波治理效果满足国家标准。

（2）在相同的非线性负载条件下，动态调谐滤波器所显示的滤波性能及效果明显优于传统的无源滤波器。

（3）动态调谐滤波器对改善和提高无源滤波器的性能以及提高电能质量，提供了一种有效的方法。

7.7　分布式电力谐波抑制仿真实例

选取具有多频次谐波电流的船舶电力推动系统为研究对象，该系统带 6 脉冲整流电路的推进逆变器，需配置多台动态调谐滤波器与谐波源并联，用于滤除船舶电力系统的谐波。构建仿真模型，并通过仿真验证动态调谐滤波器用于船舶电力推进系统谐波抑制的有效性。

典型船舶电力推进系统组成如图7-10所示。

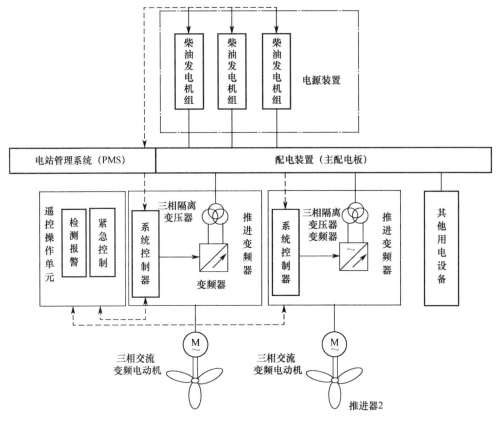

图 7-10　典型船舶电力推进系统组成

电源装置是将机械能、化学能等能源转变为电能的发电机组；配电装置是对电源和用电设备进行保护、监测、分配、转换、控制的装置；船舶电力网是全船电缆电线的总称；负载即用电设备有推进器和其他用电设备。

船舶电力系统具有以下特点。

（1）容量小，非线性负载所占比例大，推进用变频调速装置就成为主要的谐波污染源，系统内谐波含量高。

（2）设计好以后，各种用电设备的数量和功率明确，使用状态相对固定，因而对谐波的监测、分析和抑制手段带来方便。

（3）具有与陆上大电网不同的特性。电源内阻抗大能降低短路电流的数值，但在谐波电流相同的情况下，母线电压的畸变程度则会增加。这也是船舶电网谐波问题严重的一个原因。

船舶电力推进系统的谐波来源来自三个方面：一是发电源产生的谐波；二是

输配电系统产生的谐波；三是用电设备产生的谐波。

船舶电网中的发电源是指发电机，发电机的谐波由于三相绕组很难做到绝对对称，铁芯也很难做到绝对均匀一致，导致转子和定子之间空气隙中的磁场就呈非正弦分布从而产生谐波。因此发电机的输出电压本身就含有一定的谐波，其谐波电压的幅值和频率取决于发电机本身结构和工作状态。

输配电系统中主要是指电力变压器。变压器的励磁回路具有非线性电感，因此励磁电流是非正弦波形，使得电流波形发生波形畸变。

在空载时，非正弦的励磁电流在变压器原绕组的漏抗上产生压降，使变压器感应电势中包含谐波分量。变压器铁芯的饱和、磁化曲线的非线性，加上设计时考虑经济性，其工作磁密度选择在磁化曲线的近饱和段上，使得磁化电流呈尖顶波形，含有奇次谐波，其大小与磁路的结构形式、铁芯的饱和程度有关，铁芯的饱和程度越高，变压器工作点偏离线性越远，谐波电流就越大。

产生谐波的用电设备主要指具有非线性特性的电气设备（推进变频器），即使电源给这些设备供给的是正弦波电压，但由于它们具有非线性的电压-电流特性，使得流过电网的电流也变成非正弦的，即产生了谐波，使电网电压严重失真。即谐波电流会导致线路电压畸变。

推进变频器产生的谐波在设计时需要考虑谐波抑制，以满足用电设备的电源质量要求。

在船舶电力推进系统中，变频器产生的谐波与其拓扑结构相关，不同拓扑结构的变频器有不同的谐波畸变。电力推进系统主要采用的变频方式有交-交直接（CYCLO）变频、交-直-交脉宽调制（PWM）变频和交-直-交负载换向（LCI）变频。最常用的方式是交-交直接变频。

交-交直接（CYCLO）变频器的每相主电路由两套反向并联的晶闸管整流桥组成，称为正组和负组，分别控制输出电压波形的正半周和负半周。输出的电压不是平滑的正弦波，而是由若干段电源电压拼接而成，在输出电压的一个周期内，所包含的电源电压段数越多，其波形越接近正弦波。输出频率升高时，输出电压一个周期内所包含的电源电压段数就减少，所含的高次谐波分量就增加。

因此，交-交直接变频的最高输出频率比较低，一般不得超过电源频率的1/2～1/3。交-交直接变频的主要优点是，低频性能好，启动转矩大，转矩输出均匀，但是存在使用功率开关元件数量多、电网功率因数低和高次谐波难以消除等缺点。

由于变频器输入电流受到输出波形的调制，因此输入电流中不仅含有一般整流电路中的特征谐波，而且还含有与输出频率有关的谐波。

对于推进变频器 n 个脉波变流电路的输入电流谐波频率为

$$f=(nk\pm 1)f_\mathrm{i}+6pf_\mathrm{o} \tag{7-1}$$

式中：$k=1,2,\cdots$，p 取值 0 或 1；f_i 为输入基波频率，50Hz；f_o 为输出基波

频率；$(nk\pm1)f_i$ 相当于 6 脉波整流电路产生的特征谐波；$6pf_o$ 与输出频率有关的谐波。

通过仿真验证动态调谐滤波器用于船舶电力推进系统谐波抑制的有效性。根据本书研究结果，构建了船舶电力推进系统谐波抑制仿真模型。其中，电源（PS 选用 Power Supply，SV 模块设定电机的速度和负载转矩。SS 模块保存与显示仿真结果。驱动推进器 1 和 2 的两个磁场定向控制感应电机驱动（FOCIMD1, 2）是谐波源（图 7-10 中三相交流变频电动机驱动器），产生谐波电流。船舶电力推进系统谐波抑制仿真模型如图 7-11 所示。

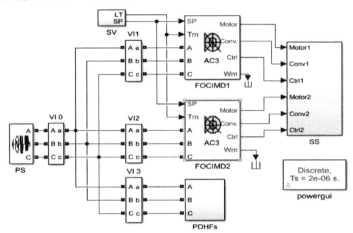

图 7-11　船舶电力推进系统谐波抑制的仿真模型

FOCIMD 的仿真模型如图 7-12 所示。

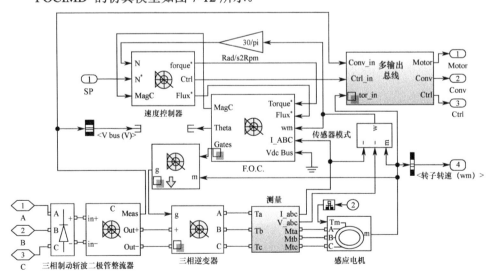

图 7-12　FOCIMD 的仿真模型

图 7-12 中，三相逆变器（Three-phase inverter）为带 6 脉冲整流电路的推进逆变器。由式（6-1）可知，配置 4 台动态调谐滤波器（第 5，7，11 和 13 次），与谐波源并联，应用于消除船舶电力系统的谐波。

根据表 7-7 所示的电动机仿真参数，转速设为 1000r/min，负载转矩设为 792N·m。使用 Powergui FFT 分析工具，得到电源电流（VI0）中的第 5，7，11 和 13 次谐波电流，投入动态调谐滤波器（DTPF）前、后的仿真结果如表 7-8 所示。

表 7-7　电动机仿真参数

电气参数	功率/(kVA)	149.2
	电压/V	460
	频率/Hz	50
等效电路的值	定子电阻/Ω	14.85×10⁻³
	定子漏感/mH	0.3027
	转子电阻/Ω	9.295×10⁻³
	转子漏感/mH	0.3027
	互感/mH	10.46
力学参数	惯性系数/kg·m²	3.1
	摩擦系数	0.08
	极对数	2

表 7-8　谐波抑制仿真结果

谐波次数 h	C_s /uF	$1L_{n1}$ /mH	谐波电流/A（VI0）		吸收谐波电流/A	谐波电流吸收率/%
			投入 DTPF 前	投入 DTPF 后		
5	1501.5	0.270	138.11	19.31	118.8	86%
7	693	0.298	75.98	17.46	58.52	77%
11	288.75	0.290	14.46	9.43	5.03	35%
13	115.5	0.519	15.60	8.79	6.81	44%
THD$_i$ /%	—		67.34	4.64		—

投入动态调谐滤波器前、后，电源电流（VI0）中的电流 i_{s0} 曲线分别如图 7-13 和图 7-14 所示。

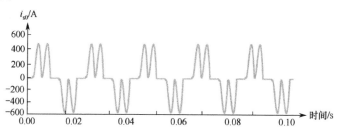

图 7-13　电流 i_{s0} 曲线（投入 DTPF 前）

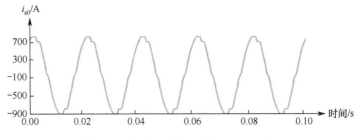

图 7-14　电流 i_{s0} 曲线（投入 DTPF 后）

从图 7-14 可以看出，投入动态调谐滤波器 VI0 的电流 i_{s0} 包含有大量谐波电流；投入动态调谐滤波器前后 i_{s0} 的电流包含的谐波明显减少，其频谱如图 7-15 所示。

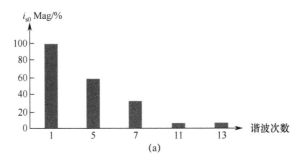

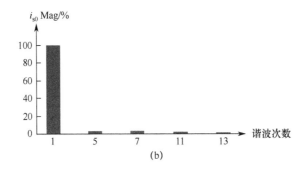

图 7-15　电流频谱图（VI0）
(a) DTPF 投入前；(b) 投入 DTPF 后。

由表 7-8、图 7-13～图 7-15 可以得出以下结论。

（1）可以配置多个动态调谐滤波器来实现对多频次谐波的同步动态滤波，将谐波电流的 THD_i 从 67.34% 降低到 4.64%，满足电力谐波标准要求。

（2）5、7、11、13 次数谐波电流分别为 138.11A、75.98A、14.46A、15.60A，对应的谐波电流吸收率分别为 86%、77%、35%、44%。因此，谐波源不同频次的谐波电流不同，其吸收率也不同，谐波电流越大，其吸收率越大。

参 考 文 献

[1] 王兆安, 刘进军, 王跃, 等. 谐波抑制和无功功率补偿[M]. 3 版. 北京: 机械工业出版社, 2016.

[2] 罗安. 电网谐波治理和无功补偿技术及装备[M]. 北京: 中国电力出版社, 2006.

[3] 肖湘宁, 韩民晓, 徐永海, 等. 电能质量分析与控制[M]. 北京: 中国电力出版社, 2010.

[4] Priyashree S, Vidya H A. Harmonic reduction analysis for electric arc furnace using passive filters and DSTATCOM[J]. International Journal of Engineering and Advanced Technology, 2019, 8(6): 1620-1626.

[5] 寇磊, 罗安, 楚烺. 具备多类型谐波治理能力的新型串联混合型有源滤波器[J]. 电网技术, 2013, 37(7): 2024-2029.

[6] 孙振坤, 宋立国, 高彦, 等. 串联混合有源滤波器 PI 解耦控制算法研究[J]. 电力电子技术, 2021, 55(5): 41-44.

[7] 窦文雷, 周荔丹, 黄琛, 等. 适用于船舶微电网的直流有源滤波器研究[J]. 电力电子技术, 2022, 56(5): 80-83.

[8] 杨正东, 施浩波. 极端负荷下并联有源滤波器谐波补偿方法[J]. 电气传动, 2022, 52(12): 27-31, 80.

[9] Beres R N, Wang X F, Liserre M, et al. A review of passive power filter for three-phase grid-connected voltage-source converters[J]. IEEE Journal of Emerging and Selected Topics in Power Electronics, 2016, 4(1): 54-69.

[10] Kalair A, Abas N, Kalair A R, et al. Review of harmonic analysis, modeling and mitigation techniques[J]. Renewable and Sustainable Energy Reviews, 2017, 78(1): 1152-1187.

[11] Li D Y, Yang K, Zhu Z Q, et al. A novel series power quality controller with reduced passive power filter[J]. IEEE Transactions on Industrial Electronics, 2017, 64(1): 773-784.

[12] 马明, 牛勇. 基于改进遗传算法的无源滤波器参数优化设计[J]. 信息与电脑(理论版), 2022, (15): 97-99, 103.

[13] 彭雨轩. 电气设备中的谐波影响及抑制技术研究[J]. 工程技术与应用, 2017, 02: 82-83.

[14] Wang Y F, Yuan Y X, Chen J. A novel electromagnetic coupling reactor based passive power filter with dynamic tunable function[J]. Energies, 2018, 11(7), 1647-1665.

[15] Wang Y F, Yuan Y X, Chen J. Study of harmonic suppression of ship electric propulsion systems[J]. Journal of Power Electronics, 2019, 19(5), 1303-1314.

[16] 陈静, 雷磊, 袁佑新, 等. 新型动态调谐无源滤波器的研制与应用[J]. 电工技术, 2013, 35(2): 3-5.

[17] 陈静, 肖林, 袁佑新, 等. 基于单片机的无源动态谐波滤波控制器研制[J]. 武汉理工大学学报, 2013, 35(2): 144-146.

[18] 王一飞, 袁佑新, 等. 纺织厂电力谐波的危害及治理[J]. 棉纺织技术, 2019, 47(5): 70-75.

[19] Busarello T D C, Pomilio J A, Simoes M G. Passive filter aided by shunt compensators based on the conservative power theory[J]. IEEE Transactions on Industry Applications, 2016, 52(4): 3340-3347.

[20] Memon Z A, Uquaili M A, Unar M A. Harmonics mitigation of industrial power system using passive filters[J]. Mehran University Research Journal of Engineering & Technology, 2012, 31(2): 356-360.

[21] Jou H L, Wu J C, Wu K D. Parallel operation of passive power filter and hybrid power filter for harmonic suppression[J]. IEEE Proceedings-Generation, Transmission and Distribution, 2001, 148(1): 8-14.

[22] He N, Xu D, Huang L. The application of particle swarm optimization to passive and hybrid active power filter design[J]. IEEE Transactions on Industrial Electronics, 2009, 56(8): 2841-2851.

[23] 邓亚平, 同向前, 贾颢. 有源调谐型混合滤波器的重复控制策略研究[J]. 电力电子技术, 2022, 56(9): 38-40, 45.

[24] 陈柏超, 薛钢, 田翠华, 等. 多耦合线圈混合谐波滤波器研究[J]. 电机与控制学报, 2021, 25(5): 7-18.

[25] Yang N C, Mahmood D, Lai K Y. Multi-objective artificial bee colony algorithm with minimum Manhattan distance for passive power filter optimization problems[J]. Mathematics, 2021, 9(24): 3187.

[26] Mohannad J M A, Devan J, et al. Various passive filter designs proposed for harmonic extenuation in industrial distribution systems[J]. International Journal of Engineering and Technology, 2018, (7): 75-84.

[27] Mohammed S A, Sillas H. Harmonics mitigation based on the minimization of non-Linearity current in a power system[J]. Designs, 2019, 3(2): 29-38.

[28] Belchior F N, Lima L R, Ribeiro P F, et al. Castro, A novel approach towards passive filter placement[C]. in Proc. IEEE Power Energy Soc. Gen. Meeting, 2015, 7: 15.

[29] Busarello T D C, Pomilio J A, Simios M G. Passive filter aided by shunt compensators based on the conservative power theory[J], IEEE Trans. Ind. Appl., 2016, 52(4): 3340-3347.

[30] Swain S D, Ray P K, et al. Improvement of power quality using a robust hybrid series active power filter[J]. IEEE Transactions on Power Electronics, 2016, 32(5), 3490-3498.

[31] 周文, 段晓波, 胡文平, 等. 混合有源与无源滤波器的配合及控制研究[J]. 高电压技术,

2016, 42(04): 1308-1315.

[32] Feras A, Khaled N, Husam F, et al. Modern optimal controllers for hybrid active power filter to minimize harmonic distortion[J]. Electronics, 2022, 11(1453): 1453.

[33] Xue G, Chen B C, Tian C H, et al. A Novel hybrid active power filter with multi-coupled coils[J]. Electronics, 2021, 10(998): 998.

[34] Oruganti V S R V, Bubshait A S, Simões M G. Real-time control of hybrid active power filter using conservative power theory in industrial power system[J]. Iet Power Electronics, 2017, 10(2): 196-207.

[35] Wang Y F, Yuan Y X, Chen J. A Novel electromagnetic coupled reactor based passive power filter with dynamic tunable function[J], Energies, 2018, 11(7): 1647.

[36] Wang Y F, Yin K Y, Liu H K, et al. A Novel integrated method for harmonic suppression and reactive power compensation in distribution network[J]. Symmetry, 2022, (14): 1347.

[37] Wang Y F, Yin K Y, Liu H K, et al. A Method for designing and optimizing the electrical parameters of dynamic tuning passive filter[J]. Symmetry, 2021, 13(7): 1115.

作者简介

王一飞，男，1990年生，重庆人，博士，武汉科技大学副教授。2021年获批湖北省"楚天学者计划"的"楚天学子"称号。博士期间被公派到美国威斯康星大学麦迪逊分校（在2020年"上海交通大学世界大学学术排名"中位于世界前32位）接受为期两年的博士联合培养，经过一流研究团队的严格训练，科学研究能力得到提升，在学科交叉和创新能力方面尤为突出。

从硕士、博士和国外联合培养到任现职，王一飞一直从事电力系统无功补偿和滤波技术研究。针对高压大功率电动机启动过程中启动电流大、无功功率因数低、资源浪费和谐波治理等关键问题，创新地提出了限流启动补偿与谐波滤波一体化方法；针对无源滤波器存在参数不能连续调节、不能实现动态调谐问题，提出并研究了电力谐波动态调谐滤波方法，为动态调谐滤波理论、技术及其器件创新，实现有效抑制电力谐波提供了一定的理论和技术基础。

王一飞近5年主持（参与）过的主要项目有5项，其中作为项目负责人承担的研究生创新研究项目3项；当前正在主持的主要项目2项，其中单项经费100万元以上的1项。以第一作者发表论文9篇，其中SCI检索论文6篇，EI检索2篇，授权发明专利1项，受理发明专利1项。